BEI GRIN MACHT SICH IHR WISSEN BEZAHLT

- Wir veröffentlichen Ihre Hausarbeit, Bachelor- und Masterarbeit

- Ihr eigenes eBook und Buch - weltweit in allen wichtigen Shops

- Verdienen Sie an jedem Verkauf

Jetzt bei www.GRIN.com hochladen und kostenlos publizieren

David Staudinger

IT-Trend Real-Time-Bidding. Automatisiertes Bieten auf Online-Werbeflächen

Wirtschaftliche Entwicklungen, technischer Hintergrund & Praxis-Analysen

GRIN Verlag

Bibliografische Information der Deutschen Nationalbibliothek:

Die Deutsche Bibliothek verzeichnet diese Publikation in der Deutschen National-
bibliografie; detaillierte bibliografische Daten sind im Internet über http://dnb.d-
nb.de/ abrufbar.

Impressum:

Copyright © 2014 GRIN Verlag, Open Publishing GmbH
Druck und Bindung: Books on Demand GmbH, Norderstedt Germany
ISBN: 978-3-656-69225-6

Dieses Buch bei GRIN:

http://www.grin.com/de/e-book/276297/it-trend-real-time-bidding-automatisiertes-
bieten-auf-online-werbeflaechen

GRIN - Your knowledge has value

Der GRIN Verlag publiziert seit 1998 wissenschaftliche Arbeiten von Studenten, Hochschullehrern und anderen Akademikern als eBook und gedrucktes Buch. Die Verlagswebsite www.grin.com ist die ideale Plattform zur Veröffentlichung von Hausarbeiten, Abschlussarbeiten, wissenschaftlichen Aufsätzen, Dissertationen und Fachbüchern.

MASTER THESIS

zur Erlangung des akademischen Grades
„Master of Science in Engineering"
im Studiengang Telekommunikation & Internettechnologien

IT-Trend
Real-Time-Bidding: Automatisiertes Bieten auf
Online-Werbeflächen

Ausgeführt von: Mag. David Staudinger

Kurzfassung

Real-Time-Bidding (RTB) ist das Schlagwort einer neuen Generation des Internet-Marketings. Einer neuen Generation von Online-Werbenden, die darin ihre Chance sehen, zum bestmöglichen Preis die beste Werbefläche im Internet zu kaufen. Bisher wurden Online-Werbeflächen wie Banner, Content-Ads, Pop-ups oder Rectangles zu Fixpreisen verkauft – die nicht verkauften Werbeflächen stellten ungenutzte Ressourcen dar und wurden zum Problem für die veröffentlichende Seite, die Publishers. Wenn also Publisher wie *Yahoo!*, *AOL*, „*orf.at*", oder *Gmx* nur die Hälfte ihrer Werbeflächen verkaufen konnten, konnten sie die Anzahl ihre Werbeflächen nicht voll ausnutzen. Real-Time-Bidding wurde daher Ende der 2000er Jahre langsam populär, als man erkannte, dass man damit die weniger gut verkäuflichen Werbeflächen gut versteigern konnte. Real-Time-Bidding ist ein algorithmisch gesteuerter Auktionsprozess zwischen Werbeflächenverkäufer (Publisher) und Werbenden (Advertiser) und ist eingebettet in eine lange Kette an programmatischen Abläufen und Zwischenstationen wie Agenturen oder auch Trading Desks, die sich in die Wertschöpfungskette einklinken.

Es lohnt sich, tief in diese Thematik einzutauchen, da im deutschen Sprachraum bisher ausgenommen wenig wissenschaftliche Literatur zum Thema existiert (als 17-seitiges E-Book beispielsweise nur die „RTB-Fibel" als freier Download auf „rtb-buch.de").

Dies ist für eine rein rechercheorientierte wissenschaftliche Arbeit an Material deutlich zu wenig und daher bedarf es vielseitiger Arbeit, einer anderen Annäherungsweise und direkter Kontakte in die Medienbranche, um hier eine Expertise zu erarbeiten. Die wichtigsten Fragestellungen dieser Arbeit sind also: Wie funktioniert Real-Time-Bidding in technischer Hinsicht und konzeptionell und was bringt es wirtschaftlich? Wie verhält es sich im Vergleich zum normalen „Display Advertising" und wo liegen die Grenzen dieses „Programmatic Buyings"?

Um diese Fragen zu beantworten, wurden Personen mit besonderer Expertise interviewt und es kommen vier der am meisten befähigten Führungskräfte der österreichischen RTB-Branche zu Wort, die in Interviews persönlich oder telefonisch befragt wurden. Des Weiteren wurde ein Use Case konstruiert und bei einem DSP-Anbieter eine RTB-Kampagne angelegt und durchgeführt. Die Reportings dieser Kampagne wurden beleuchtet und ausgewertet.

Als qualitative Methode kam im technischen Kontext eine genaue Auseinandersetzung mit den Funktionen und den Spezifikationen einer offenen Programmierschnittstelle im RTB zum Einsatz.

Die besonderen Anliegen dieser Thesis sind ein umfassendes Verständnis der Thematik für den Leser und die Demonstration der Reichweitenstärke, Treffsicherheit und Effizienz von RTB gegenüber klassischer Display-Werbung. Besonders das gezielte Bewerben von Kunden ist ein unschlagbares Feature von RTB, welches auf   sehr fokussierte

Zielgruppenwerbung setzt und somit auch „Performance marketing" genannt wird. Auch der Sicherheitsaspekt von RTB wird intensiv behandelt und es zeigt sich, dass bei den offenen Standards noch sehr viel Handlungsbedarf besteht.

Schlagwörter: Real-Time-Bidding, Publisher, Werbende, Programmatic Buying, Kampagne

Abstract

Real-Time-Bidding (RTB) is the key word for a new generation. A new generation of online advertisers, who see it as their chance to buy at the best price the best advertising space on the Internet. So far, online advertising space such as banners, content ads, pop-ups or Rectangles were sold at fixed prices – the unsold advertising space constituted unused resources and have been a problem for the publishing side.

So if a publisher such as *Yahoo!*, *AOL*, *orf.at*, or *Gmx* could only sell half of its advertising space, they could not take full advantage of their resources. Real-Time-Bidding was therefore getting slowly popular in the late 2000s when it was realized that the less wanted ad space could be sold very easy by using RTB. Real-Time-Bidding is an algorithmically controlled auction process between ad space seller (publisher) and advertisers and is embedded in a long chain of programmatic processes and intermediate stations such as agencies or trading desks that attach to the value chain.

It is worth to plunge deeply into this topic, as in the German language so nearly no scientific literature on the subject exists and many research work and direct contacts in the media industry are needed to gain an expertise here. The main issues of this work are: how does real- time bidding work in technical terms and what does it earn economically? What about comparing it to the normal "display advertising" and what are the limits of this „Programmatic Buyings"?

To answer this question, there were surveys of experts and four of those specialists of the branch are brought forward, who are active in the RTB business and who were interviewed in person or by telephone interviews. In addition, a use case was designed and a RTB campaign was created with a DSP provider and carried out - the reportings of this campaign were examined and evaluated.

As a qualitative method, an accurate examination of the functions and the specifications of an open programming interface in the RTB in a technical context was conducted.

The conclusions of this thesis are: a comprehensive understanding of the issues by having shown the advantages and the extensive reach of RTB over the conventional display advertising in a specially created campaign. In particular, the targeted advertising of customers is an unbeatable feature of RTB, which allows to advertise very economically and accurate and that is why it is called "performance marketing". Also, the security aspect of RTB was intensely enlightened and it was shown that in this respect at the open standards still remains much to do.

Keywords: Real-Time-Bidding, Algorithms, Publishers, Advertisers, Programmatic Buying

Danksagung

Ich möchte zuallererst ganz herzlich meinem Master-Arbeit-Betreuer Hr. Diplom-Ingenieur Thomas Zeitlhofer danken, der mir über die Dauer der Arbeit an der Thesis geduldig und sehr kompetent zur Seite gestanden ist und sehr versiert und interessiert an der neuen Materie mitgewirkt hat.

Als zweites möchte ich Herbert Pratter und auch Richard Tuschkany danken, die meinem Anliegen jeweils ihre Zeit gewidmet haben und für Rückfragen immer offen waren.

Last, but not least, möchte ich mich bei meiner Familie und meiner Freundin bedanken.

Inhaltsverzeichnis

1. Einleitung

Online-Advertising, auch Online-Marketing genannt, existiert seitdem es das Internet gibt. Dieser Marketing-Zweig teilt sich in mehrere Bereiche auf – in E-Mail-Advertising, Suchmaschinenmarketing, Affiliate-Marketing, Social-Media-Marketing und Online-Video-Advertising. Ein Bereich davon, der gerade in einem großen Umbruch steht, ist der Bereich des Display-Advertisings, das Banner, Pop-Ups und Layer-Ads beinhaltet, und neben Text auch Animationen, Bilder oder Videos verwendet.

Man könnte sagen, dass lange Zeit die Display-Werbeflächen wie Seitenteile eines Printmediums verkauft wurden. Für einen bestimmten Zeitraum konnte man für einen gewissen Gegenwert einen bestimmten Frame einer Webseite, ein Pop-Up oder auch den Werbeplatz für ein Video mieten. Mit Premium-Werbeflächen hatte man dabei kein Problem, da diese genug Abnehmer fanden. Das Problem waren die weniger begehrten Flächen, die jedoch in der Menge viel an ungenütztem Potenzial ausmachten. Als Rechenkapazitäten und Internetverbindungen immer stärker wurden und die Standardisierungen für Online-Werbung sich immer mehr verbreiteten, war *Google* einer der ersten Wegbereiter für eine neue Form des Online-Medienhandels: 2007 kauft es die Softwarefirma *DoubleClick* um daraufhin eine Börse für Werbeflächen (Ad Exchange) zu lancieren. Danach bringt *Google* mit dem *DoubleClick Bid Manager* den ersten Bid-Manager heraus, der vom Kunden selbst bedient werden kann. Diese Entwicklung ist im Blog des Ad Exchange-Experten John Ebbert nachzulesen [1].

Das Prinzip von *Ebay* ist im Jahre 2014 nicht neu, jenes einer Börse schon gar nicht, doch kaum einer hatte diese bisher in großem Stile auf das Online-Advertising angewendet. Das Schlagwort „Real-Time-Bidding" war gefallen – ein völlig neuer Ansatz, der in seiner ganzen Komplexität die prinzipiell doch sehr eindimensional fungierenden Web-Börsen wie *Ebay, hood.de* oder *Auxion* in den Schatten stellt. Es sind die umfassenden Möglichkeiten, die RTB bietet und die bestechen, wie beispielsweise Targeting, Echtzeit-Auktion und Anwendung des Werbemittels in Millisekunden, Anbindung sehr vieler unterschiedlicher Plattformen und Transparenz sowie Datensicherheit. Auch das Reporting, die zeitgleiche Analyse und die spontane Rekonfigurierbarkeit der Kampagne machen den Reiz für viele Werber aus – dies wurde jedoch erst möglich durch die stetige Weiterentwicklung und den Leistungsgewinn von Serverhardware und Netzwerktechnik. Zu Beginn des Online-Advertising mit Banner-Ads im Jahr 1994 verfügte ein sehr guter Server-Rechner noch über eine Anzahl von gut 3 Millionen Transistoren besaß und eine Geschwindigkeit von bestenfalls 100 Megahertz (Mhz). Die neuen Server-CPU-Modelle von

Intel im Jahr 2014 gehen im starken Kontrast dazu schon von etwa 4,3 Milliarden Transistoren, 15 CPU-Kernen und maximal 3700 Mhz.

Dies bestätigt das sogenannte Mooresche Gesetz, nach dem die Komplexität integrierter Schaltkreise sich in einem Abstand von etwa 12 bis 24 Monaten regelmäßig verdoppelt: Gordon Moore formulierte dieses Gesetz 1965 und es bestätigte sich seitdem in fixen Abständen [2].

Am Intel Developer Forum 2007 sah er jedoch in einer Perspektive von etwa 10-15 Jahren das Ende seines Gesetzes voraus, da dann die Grenzen von Strukturen im Nanometer-Bereich, Hardware-Komplexität und Material erreicht seien.

Es ist offenkundig, dass seit der Pionierzeit des Internet-Advertisings auch die Leistungsfähigkeit der Server-Rechner enorm zulegte und gerade dadurch ein vernetztes, globales, punktgenaues (auf einzelnen User zugeschnitten) und vor allem zeitlich nahezu verzögerungsfreies Auktionswesen möglich wurde. Ohne Glasfasernetzwerke im „Backbone" des Internet-Netzwerkes, DSL und andere Broadband-Lösungen wären ein fairer Wettbewerb, ein zuverlässiger Bietprozess und eine zeitgerechte Auslieferung unmöglich gewesen.

Das RTB-Prinzip ist immer noch relativ neu und es gibt im deutschen Sprachraum nur ausgenommen wenige wissenschaftlichen Veröffentlichungen, die in umfassendem Maße klären oder gar praktisch demonstrieren: Wie funktioniert Real-Time-Bidding in technischer Hinsicht und konzeptionell und was bringt es wirtschaftlich? Wie verhält es sich im Vergleich zum normalen „Display Advertising" und wo liegen die Grenzen dieses „Programmatic Buying" (automatisierte Käufe)?

Zur Klärung dieser Fragen ist es wichtig, sich die aktuelle Lage anzusehen und mit Experten zu sprechen. Hier seien Mag. Herbert Pratter (Digital CEO bei *Dentsu-Aegis-Austria*), Richard Tuschkany (CEO bei *AdPilot*), Annika Schmidt (*iqdigital*) und Jost Löhnenbach (*DataXu*) dankend erwähnt.

Auf der Grundlage eines praktischen sowie globaleren Verständnisses der Entwicklungen, das in Kapitel 2 geschaffen wird, werden danach folgend RTB und klassisches Display Advertising in Kapitel 3 gegenübergestellt und die Rolle der Akteure beleuchtet.

In Kapitel 4 fällt der Fokus auf die wirtschaftliche Entwicklung von RTB und das Wachstum des „Programmatic Buying" wird mit Zahlen untermauert.

Die steigende Nachfrage und das Wachstum von RTB führt in Kapitel 5 zur Frage: Wer sind die Anbieter (SSPs)? Die Nachfrager – DSPs werden ebenso erklärt wie *Googles* Rolle in der Evolution des neuen Marketingtrends.

Nach Aufklärung der Rollen und der wirtschaftlichen Entwicklungen wird in Kapitel 6 aufgezeigt, was RTB so unvermeidlich für die Zukunft des Marktes macht, und nach dieser Vorstellung werden in Kapitel 7 alle Akteure des RTB-Marktes präsentiert. In Kapitel 8 wird der genaue Ablauf dargestellt und Kapitel 9 zeigt, warum *Google* eine Marktdominanz innehat. Die Cookie-Technik spielt auch beim „Retargeting" in Kapitel 10 die entscheidende

Rolle – das Tracking kann in Kapitel 11 bei der Gestaltung einer eigenen RTB-Kampagne betrachtet werden.

Kapitel 12 widmet sich Sicherheitsfragen der Übertragung und Authentifizierung und Kapitel 13 stellt umfassend die offene Programmierschnittstelle „OpenRTB" vor.

Im Fazit wird noch einmal rekapituliert, was die Ergebnisse der Recherche-Arbeiten und der technischen Auseinandersetzung sind und welchen Ausblick es für die Zukunft des Marketing- und Technologietrends Real-Time-Bidding gibt.

2. Die Entwicklung des „Data Driven Online Advertising Ecosystems"

Der konstante Drang hin zur Veränderung hat die Entwicklung des Online-Werbe-Ökosystem bis 2011 gekennzeichnet. In der Timeline in Abb. 1 ist daher ein grob gezeichneter Ablauf der Veränderungen zu sehen, die dieses Teilgebiet der Werbung in einem Jahrzehnt durchlaufen hat [3].

Im Jahr 2001 investierte die Industrie, wohl auch im weiteren Verlauf durch 09/11 bedingt, wenig in die Online-Werbung, sodass die Preise aufgrund der wenigen Werbeplätze sehr hoch waren. Zumindest war zu dieser Zeit noch die Marktstruktur sehr klar, weil außer der „Publisher" und „Advertiser" nur die Agenturen, Werbedienstleiter o.ä. es waren, welche alle an dem einen Ziel arbeiteten: die Werbung vom Werbenden zum Internetuser zu bringen.

Begriffsdefinitionen:

- *Publisher: Ist im Sprachgebrauch des Online-Advertisings jener Akteur, der Werbeflächen zum Verkauf freigibt. So werden etwa Internetseitenbetreiber, Portalbetreiber und –eigentümer oder Feed-Betreiber zu Publishern*
- *Advertiser: Der Advertiser möchte seine Werbemittel (Banner, Videos, Audio-Files…) so günstig und so effektiv wie möglich auf den Werbeflächen des Publishers zu Werbezwecken einsetzen, und kauft Werbeflächen für bestimmte, vereinbarte Zeiträume ein.*

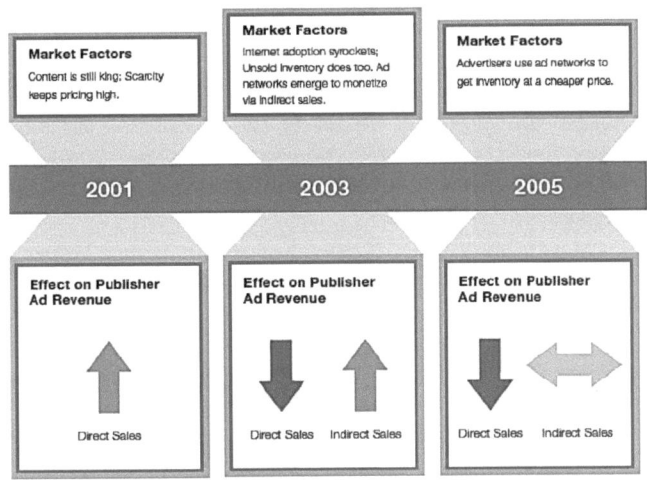

Abbildung 1: Display Advertising Ecosystem Timeline 2001-2005 [4]

Wie in Abb. 1 in der Grafik von *Pubmatic* zu sehen ist, stieg im Jahr 2003 die Anzahl der DSL-Anschlüsse und der Flatrates massiv an und so auch die durchschnittliche Zeit der User im Internet. Durch den massiven Boom wurde mehr Internetwerbung verkauft, diese stieg aber korrelierend mit dem unverkauften Display Advertising Inventory. Dies war die Geburtsstunde der „Ad Networks", die geschaffen wurden, um das ungenutzte Inventar von Internet-Werbeflächen abzuschöpfen bzw. besser auszunützen.

Die direkten Käufe sanken in dieser Zeit, doch die Zahl der indirekten Käufe (über Networks) schossen in die Höhe. Direkte Käufe von Werbeflächen entstehen durch direkten Kontakt mit dem Publisher oder über ein Ad Network und direkten Ankauf, wogegen indirekte Käufe über indirekte Kanäle laufen und RTB-Systeme verwenden. Man kann also sagen, RTB macht den kausalen Unterschied zwischen „indirect" und „direct buyings".

Manche Publishers hören 2005 sogar auf mit Ad Networks zu arbeiten, man fürchtete, man könnte sich selbst „kannibalisieren" und mit den Verkaufsnetzwerken den direkten Verkauf über den Publisher selbst verdrängen.

Mit der Zeit bekam online-Advertising seinen festen Platz in der Budgetzuteilung und die Advertiser/Werber verlangten nach Unternehmen, die objektive und analytische Services anboten [4].

Die Branche wird komplexer als *Right Media* (2007 von Yahoo gekauft) als erste Ad Exchange startet – der Unterschied ist, dass diese mehr als Börse anstatt als Netzwerk fungiert. *Google* folgt 2008 mit *DoubleClick* und *Microsoft* akquiriert eine Börse, welche *AdECN* heißt. Abb. 2 bildet diesen zeitlichen Verlauf vom Jahr 2008 bis 2011 ab.

Begriffsdefinitionen:

- *Ad Network: ein Advertising Network ist ein Unternehmen, das Advertisers zu Webseiten verlinkt, welche Werbeflächen anbieten. Die Schlüsselfunktion ist Aggregation von Werbeflächen der Publisher und das Abbilden dieser auf die Werbebedürfnisse der Advertiser*
- *Ad Exchange: Technologieplattformen, welche den Ein- und Verkauf (die durch Auktion zustande gekommen sind) von Online-Werbematerial von vielen Ad Networks erleichtert und auch erst möglich macht*

Das erste Mal werden Ad Impressions mit einem Auktions-System verkauft, welche den Advertisern erlaubt, Gebote abzugeben. Zusätzlich gibt es das „floor-price-model", das dem Publisher/Seller erlaubt, einen Grundpreis festzusetzen, unter dem nicht verkauft wird [3].

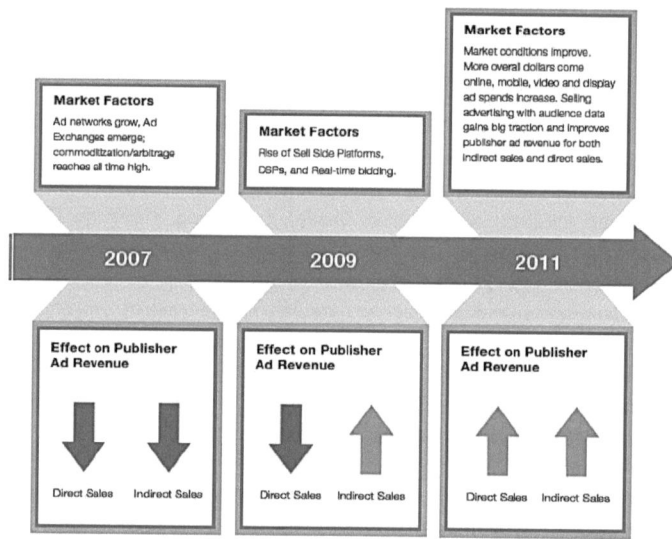

Abbildung 2: Display Advertising Ecosystem Timeline 2007-2011 [4]

Begriffsdefinitionen:

- *Ad Impression/s:* ist gleichbedeutend mit „View/s" und meint den Aufruf von Werbemitteln im Internet, also die Wahrnehmung eines Werbemittels durch den User

Das Preismodell der Ad Exchanges ist diametral gegensätzlich zu dem der Ad Networks. Ad Exchanges funktionieren wie eine Börse und es wird hier in Echtzeit Inventar gehandelt. Ad Networks hingegen sind Bündelungen und aggregierte Mengen an Werbeflächen, die per Klick („Click & Buy") ge- und verkauft werden können.

Ad Networks aggregieren Werbinventar aus verschiedenen Quellen, bündeln diese Werbeplätze und kommen durch den massenhaften Einkauf von Werbeplätzen oft zu günstigeren Preisen. Manchmal „veredeln" sie auch das Inventar mit Techniken wie „Targeting", „Frequency Capping", Werbemittelerstellung und –optimierung Dies wird aber nicht über das Ad Network selbst, sondern einen Dienstleister angeboten.

Dabei greifen sie oft auf eine Ad Exchange zu, um an dieses Inventar zu kommen. Grundsätzlich stehen Ad Exchanges jedoch hierarchisch über den Ad Networks, da sie in Echtzeit agieren, automatisiert handeln und Zugriff auf wiederum mehrere aggregierte Inventare (=Ad Networks) verschiedener Anbieter haben.

Beide eint der Charakter einer „Durchreichfunktion", die Leistung beschränkt sich grundsätzlich auf die Bereitstellung der Plattform und beinhaltet normalerweise keinerlei Zusatzleistungen wie Targeting usw.

Nachteile günstigerer Angebote auf Ad Networks sind zuweilen die Anziehung von minderwertigen Werbeeinblendungen wie Gambling, automatisierte Abos, Erotik & Co. Diese Advertiser von vornherein auszuschließen, fällt schwer, und so kann es sein, dass, sollten diese überhand nehmen, die Publisher ihre Werbeflächen aus dem Angebotssortiment zurückziehen, um nicht in Misskredit zu gelangen [3].

Wenn, um es plastisch darzustellen, auf einer Webseite für elektrische Zahnbürsten kontinuierlich pornographische Video-Einbettungen gezeigt werden, da diese den Zuschlag für die Werbefläche bekamen, so ist dies vermutlich nicht dienlich für das Image von Hygiene, Sauberkeit, strahlender Gesundheit und moralische Integrität oder Ehrlichkeit (Symbolik der weißen Farbe in „Codes: Die geheime Sprache der Produkte" [5]).

Begriffsdefinitionen:

- *Premium-Inventar vs. Nicht-Premium-Inventar: das Premium-Inventar meint alle relativ hochpreisigen Werbeflächen, für die Real-Time-Bidding ursprünglich nicht vorgesehen war, und für die es jetzt aber trotzdem genützt wird. Vergleichen könnte man dies mit der „Landing Page" einer Domain, wo ein „Super Banner" (großformatig) als Fläche angeboten wird, welches praktisch nie unter Mangel an Interessenten leidet -> dies ist Premium-Inventar. Ein Beispiel: Ein 1/6-Seiten-Eckfeld, das z.B. bei den Gelben Seiten auftaucht, wenn man als Suchbegriff beispielsweise „Brautmoden" eingibt, wird nicht oft verlangt – hier ist die Nachfrage nach der Werbefläche gering und daher ist derartiges meist „Nicht-Premium-Inventar" (Non-Premium-Inventory)*

Ad Exchanges machen Umsatz, indem Sie eine „flat fee" von den CPM (Cost Per Mille) abführen, die der erfolgreiche Bieter bezahlt und auch davon, was dann die Ad Exchange dem erfolgreichen Verkäufer als Erlös weitergibt. Ad Networks hingeben bewegen sich oft als unsichtbarer Akteur zwischen Käufer und Verkäufer und machen Gewinn, indem sie mit der Marge zwischen Ein- und Verkaufspreis hantieren. Der Unterschied ist, dass dieser Betrag nominell bei Ad Exchanges vorher feststeht und Ad Networks im Prinzip freie Hand bei der Weitergabe der Summen haben [6].

Als 2009 trotz Weltwirtschaftskrise das totale Online-Werbevolumen nicht wie erwartet stark einbricht, beginnen manche Ad Exchanges Inventar zum Echtzeitkauf verfügbar zu machen, so etwa im Zehntelsekunden-Bereich.

Nach der Auktion wurde umgehend das Werbemittel geliefert und weitergeleitet. Der Käufer konnte auf die einzelne, individuelle Ad Impression bieten, ohne Bundles in Kauf nehmen zu müssen, bei denen manche Ad Impressions weit mehr wert waren als andere.

Mit den technologischen Sprüngen Ende der 2000er Jahre kommt es nun zu einer Evolution des Online-Advertising-Ökosystems, und die technologischen Bedingungen verbessern sich stark.

Demand-Side-Platforms (DSPs) bieten ein System und Service an, das Advertisern und ihren Agenturen hilft, Inventar für ihre Werbekampagnen über verschiedenste Quellen von buchbarem Inventar zu kaufen.

Supply-Side-Platforms/Sell-Side-Platforms (SSPs) und „yield management companies" bieten den Publishern Dienstleistungen an, mit denen sie ihre Werbeflächen optimieren und die Preisfindung verbessern können. Des Weiteren werden deren Sales-Kanäle und die Verwaltung des Display-Inventars gemanagt.

Weitere Unternehmen beschäftigen sich wiederum mit Aggregation und Optimierung von Daten, Real-time Optimierung von Werbemitteln, Handel von Werbe-Inventar, „Ad Verification" oder „Ad Attribution". „Attribution" bedeutet, dass das Unternehmen analysiert, welche Bündel von Ads zu Verkäufen oder „Conversions" (Umwandlung von Werbung in Geld -> Kauf) beitragen, und dies kann es über einen definierten Zeitraum betrachten. „Ad Verification" bedeutet die in jeder Hinsicht geartete Verifizierung nach Maßstäben, Regeln und Policies von Werbemitteln, sowie der korrekten Schaltung: *„A system that ensures every Ad Impression is a quality impression, every impression is compliant, and every ad was served and displayed exactly as intended."* [7].

Bis 2011 und darüber hinaus bis heute (2014) gewann also sowohl der indirekte als auch der direkte Verkaufskanal enorm an Potenzial, um wachsende Werbebudgets anzuziehen, die für Kampagnen über verschiedenste Channels vorgesehen sind [3].

<u>Begriffsdefinitionen</u>:

- *Demand-Side-Platform: näheres dazu in Kapitel 5.2 & 7.1*
- *Supply-/Sell-Side-Platform: näheres dazu in Kapitel 5.1*

2.1. Onlinewerbungs-Ökosystem ab etwa 2011

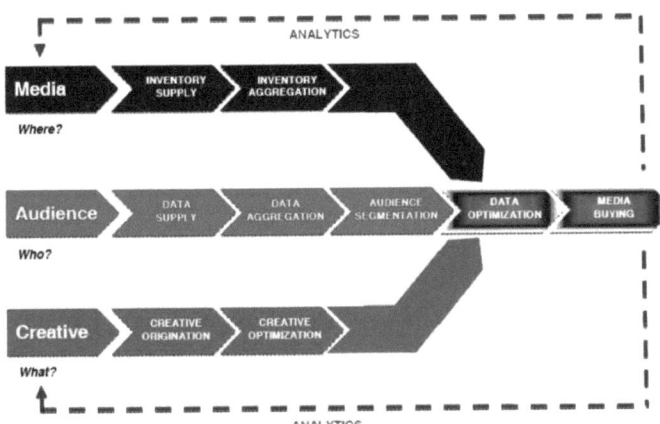

Abbildung 3: Wertschöpfungskette im Onlinewerbungs-Ökosystem [8]

In Abb. 3 ist nach Terence Kawaja zu sehen, wie sich das Ökosystem und die Prozesskette in der Online-Werbung ab etwa 2011 verändert haben.

Die Wertschöpfungskette der Online-Werbung verbindet ab nun 3 Größen: „Medien", „Publikum" und „Werbemittel". Im Wesentlichen erfüllen alle Unternehmen in der Werbewirtschaft und Industrie Tätigkeiten und Dienstleistungen, die einem der Schritte in der Grafik von Terence Kawaja zugehören.

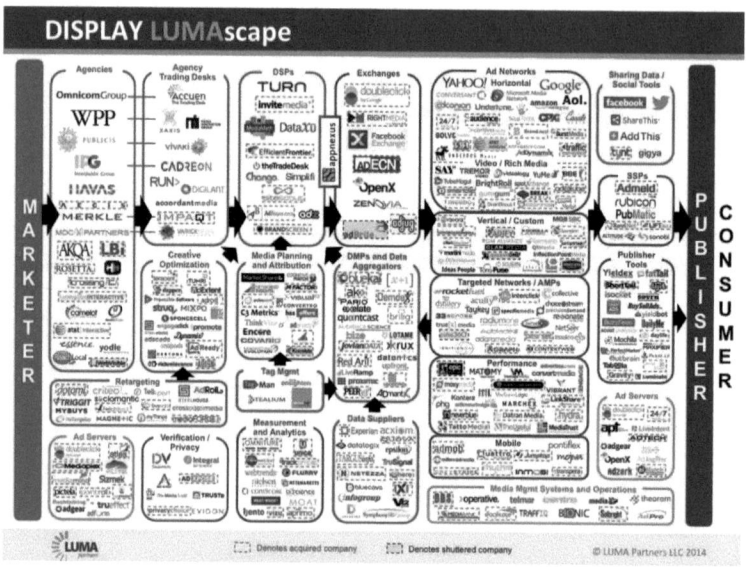

Abbildung 4: Display Advertising Ökosystem Map [9]

Ebenfalls von Terence Kawaja, CEO von *LUMA Partners LLC*, stammt die jährliche Grafik in Abb. 4, die die Display-Werbung-Landschaft jeweils sehr treffend abbildet und darum populär wurde.

Verglichen mit der Karte von 2010 hat sich hier bezüglich der Unternehmensfelder nicht viel verändert: Im Bereich Media Management Systems und „Ad Operations" gab es eine Fusionierung der Aufgaben, die vorher getrennt waren. Im Bereich „Verification" (der Werbeschaltungen) kam zusätzlich „Attribute Privacy" dazu. Die Bezeichnung für „Media Buying Desks" änderte sich zu „Agency Trading Desks", was daher rührt, dass mit zunehmender Geschwindigkeit „Trading desks" aus Asien beim Advertiser beliebt werden und diese Aufgabe nicht mehr vornehmlich den Agenturen zukommt. Darüber hinaus kam es zum Wegfall von alten und dem Dazustoßen von neuen Playern in den jeweiligen Zirkeln der Unternehmensbetätigungen, was im Online-Geschäft in einem 4-Jahres-Verlauf gewöhnlich ist.

Begriffsdefinition:

- *Ad Operations: „Ad Ops", „Online Ad Ops" sind ebenso gängige Bezeichnungen für all jene Prozesse und Systeme, die den Verkauf und die Lieferung von Online-Werbung bewirken.*

3. Die Wertschöpfung am klassischen Display-Markt

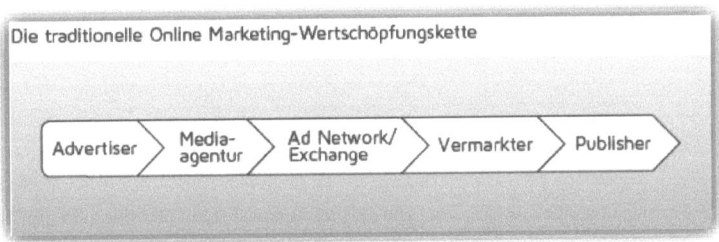

Abbildung 5: Wertschöpfungskette beim Display-Advertising [10]

Display-Advertising ist die Bezeichnung für all jene Werbung, die grundsätzlich via Computer-Screen geschaltet wurde und noch immer wird. Mittlerweile umfasst der Begriff alles an Werbung, was über den Screen passiert – auch Real-Time-Bidding ist in größerem Sinne Display-Advertising.

Um RTB vollends zu verstehen, ist es nötig, sich grundlegend mit der Wertschöpfungskette des klassischen Display-Marketings auseinanderzusetzen, siehe Abb. 5 zu Beginn: Hier geht das Geld für gewöhnlich vom Werbetreibenden („Advertiser") über Zwischenstationen bis letztlich zum konkreten Eigentümer einer Werbefläche („Publisher") [11].

Dazwischen gibt es Marktmacher und -gestalter, die die Marktbegegnung tausender Advertiser und Millionen von Publishern möglich machen. Hierbei verschwimmen die Grenzen von Funktionen und Zuteilungen zusehends – daher sorgt hier eine klassische, vereinfachte Darstellung der Akteure in Abb. 8 zu Beginn von Kapitel 5.1 für mehr Klarheit.

3.1. Die Akteure am klassischen Display-Werbemarkt

3.1.1. Akteur: Mediaagentur

Die Mediaagentur unterstützt in erster Linie den Advertiser bei der Werbeplanung: vom Konzept über die Strategie bis hin zur Platzierung, Auswertung und Bezahlung [11]. Beim Onlinemarketing ist es Aufgabe der Agenturen, das vorhandene Werbebudget bestmöglich auf verschiedene Kanäle anhand eines Mediaplans zu verteilen. Dieser enthält präzise jene Platzierungen und Bedingungen, zu welchen den Publishern die Werbung ausgespielt wird. Hier ist es so, dass die Platzierungen über Vermarkter, Ad Networks oder Ad Exchanges gebucht werden und nicht über den Publisher selbst. Die Mediaagentur bekommt hier als Vermittler 15% Agenturermäßigung (AE), die in der Rechnung separat ausgewiesen wird.

3.1.2. Akteur: Vermarkter

Vermarkter verkaufen Bündel verschiedener Publisher-Websites und können daher eine größere Reichweite anbieten – sie treten als Vertreter gegenüber Agenturen und Advertisern am Markt auf. Die Aufgabe auf Publisher-Seite ist hier die optimale Auslastung des vorhandenen Werbeumfelds, wofür hier meist über längere Zeiträume Vermarktungsverträge geschlossen werden.

Auch das Targeting, Adserving (Technologien und Services zur Platzierung von Ads auf Webseiten), Reporting und die Verifizierung von Nutzerzahlen verantwortet der Vermarkter. Für all seine Tätigkeiten erhält der Vermarkter in der Regel zwischen 30 und 60 % Umsatzbeteiligung.

3.1.3. Akteur: Ad Network

Wie Vermarkter auch, so bündeln Ad Networks die Werbeflächen-Inventare verschiedener Publisher. Im Gegensatz zu den Vermarktern gibt es hier neben großen auch sehr kleine Publisher und es werden auch jene mit weniger hoher Contentqualität aufgenommen[11].

Unter einem Ad Network können durch einen standardisierten Prozess oft tausende Publisher förmlich „unter einem Dach" wohnen. Auch hier gibt es Adserving, Targting und Reporting – dieses wird insgesamt günstiger als in den Premium-Umfeldern der Vermarkter angeboten. Dabei werden auch oft performance-basierte Bezahlmodelle (bspw. Pay-per-click) angewendet. Es werden verschiedene Publisher gebündelt und als „Run-on-Network"-Platzierungen mit bestimmtem Profil oder mit Targeting-Optionen angeboten. Die Ad Networks bekommen dabei in der Regel 40-60- % Umsatzbeteiligung.

Begriffsdefinition:

- *Run-on-Network: Bei RoN-Platzierungen wird eine Werbekampagne auf eine große Kollektion von Webseiten angewendet – ohne die Möglichkeit, dass spezifische Seiten des Vermarkters ausgewählt werden.*

3.1.4. Akteur: Ad Exchange

Über den Ad Exchange-Server kann der Kauf über diverse Ad Networks getätigt werden, um das vorhandene Inventar noch weiter zu konzentrieren und zu bündeln. Das Inventar, also die Werbeflächen werden über einen Auktionsprozess verkauft.

Die bekanntesten Ad Exchanges sind beispielsweise *Right Media* (Teil von *Yahoo!*) und das *DoubleClick Ad Exchange* (Teil von *Google*)[11].

Ad Exchanges haben eine reine „Durchreichfunktion" und sind deshalb auch in ihrer Funktionalität so beschränkt wie Ad Networks. Zusatz-Services wie Targeting werden nicht angeboten, die Leistung umfasst rein die Bereitstellung der Plattform.

3.1.5. Akteur: Publisher

Publisher haben das Interesse, ihr Werbeumfeld zum bestmöglichen Preis an den Mann zu bringen und möchten nebst diesem eine größtmögliche Auslastung ihrer Ressourcen. Es gibt sehr lange Ketten von Online-Publishern und es gibt sie bis zur einzelnen Web-Präsenz herab. Ein Publisher ist z.B. „orf.at", welcher auf seinen Seiten Werbeflächen verkauft und diese dazu in die Hände eines oder mehrerer Vermarkter gibt (beim *ORF* ist dies beispielsweise die *ORF-Enterprise*, welche eine eigene Vermarktungsgesellschaft darstellt).

3.1.6. Data Management Platforms (DMPs)

DMPs sammeln Daten der Nutzer und bieten sie weiter zum Verkauf an [12].
Die Daten können zur Aufwertung der Userprofile verwendet werden, damit die Advertiser eine besser belegbare und auf mehreren Informationen basierende Entscheidung über die angebotenen Werbeeinblendungen und die anvisierten Nutzer treffen können.
Es werden sozio-demographische Daten, Interessen, Kaufintention und ähnliches gehandelt – alles selbstverständlich anonymisiert. So kann zum Beispiel ein Zahnbürstenhersteller herausfinden, für welche Zahnbürste der User sich besonders interessiert, ein Autohändler, für welchen Autotyp usw.
Hier kann dann der Advertiser, z.B. ein Autohersteller, aktiv werden und das neu erschienene Modell im Rahmen einer Branding-Kampagne genau diesem einen User präsentieren. Noch konkreter kann ein Online-Shop „tracken", mit welchen Produkten sich ein User auseinandersetzt und ihn in Echtzeit mit genau auf seine Interessen abgestimmtem Werbematerial konfrontieren.

4. Real-Time-Bidding am Display-Markt: Was ist das konkret?

Real-Time-Bidding/-Advertising wird kurz RTB oder auch RTA genannt. Das bedeutet schlicht, ob man es aus Advertiser- oder Publisher-Sicht betrachtet. Es ist einer der aktuellen Trends des Online-Marketings, welchem nachgesagt wird, dass er den Display-Markt revolutionieren wird. Der sogenannte „Display-Markt" ist ein Überbegriff für alle Werbemittel im Netz, welche in Form von Animationen, Bildern oder Videos geschalten werden – kurzum also für alle Formen grafischer Werbung im Internet.

Der Display-Markt ist das Gegenstück zur immer beliebter werdenden Werbung über Textlinks, wie sie Suchmaschinen wie *Google* schon längst üblich sind. Hier stechen besonders die Text-Werbungen je nach Suchthematik bei *Google* hervor, die schon seit mehr als 10 Jahren dem *Google*-Benutzer bekannt sind.

Da die Display- und die zugehörige Banner-Werbung jedoch immer noch mehr als 1 Milliarde Euro Umsatz ausmachen, sind diese die wichtigsten Eckpfeiler der Internet-Werbung. In Abb. 6 werden die US-Display-Einnahmen der vier größten Ad-Selling-Unternehmen gezeigt:

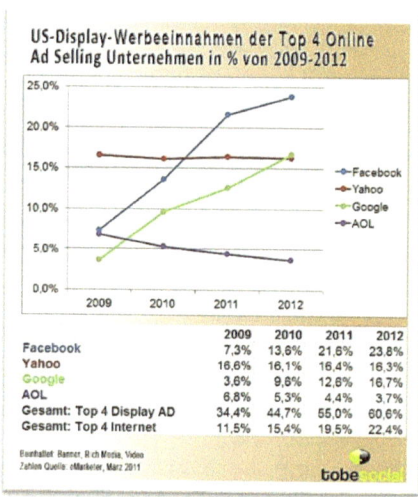

Abbildung 6: Entwicklung der Display-Werbeeinnahmen in USA [13]

4.1. Wirtschaftliche Entwicklungen und Prognose

2013 war ein Jahr außerordentlichen Wachstums für das automatisierte Werben am Display-Advertising-Markt. Insgesamt, so verweist die dänische Softwarefirma *adform* darauf, schossen die „Spendings" (Investitionen) um 366% in die Höhe – und dies allein am europäischen Markt [14]. Seit „Real-Advertising", oder aus der Seite des Nachfragers nach der Werbefläche auch „Real-Time-Bidding" genannt, ungefähr ab 2008-2009 zumindest theoretisch oder als Prototyp in den Köpfen der Medienmanager auftauchte, eroberte das Thema des automatisierten Bietens die europäischen Medienhäuser und Agenturen wie im Sturm. Österreich und Deutschland verschlossen sich lange der neuen technologischen Möglichkeit, doch mit 2011 lockerten sukzessive erst Deutschland und danach 2013 Österreich ihre einigermaßen starre Haltung gegenüber RTB.

Obwohl Deutschland hier alles andere als die Rolle des „first movers" einnahm, wurden bereits im Jahr 2012 acht Prozent der gesamten Online-Spendings über Real-Time-Bidding ausgeliefert. Die damals für 2013 prognostizierte Steigerungsrate von jährlich 75% übertreffen die gegenwärtigen Entwicklungen zumindest in Deutschland bei weitem.

Dass die Einbindung von RTB-Systemen eine Umstellung auf hochkomplexe Prozesse und „Role-Models" verlangt, ist wohl nur ein Grund für das langsame Durchsickern der Technologie am österreichischen Markt. Bei der Online-Werbeplanung ändert sich alles, vom Auftrag über die Erfassung, Eingabe aller Kriterien, Targeting, Reporting über den Erfolg der Kampagne usw.

Herbert Pratter, Digital CEO von *Dentsu-Aegis-Austria*, welche Real-Time-Bidding bereits in außergewöhnlich hohem Maße anwendet, meint hierzu, er sei „nach seinem ersten Training in London zu RTB die ganze Nacht wach gelegen, um zu begreifen, was sich durch RTB im Ablauf alles ändern würde[...]" [15].

Auch habe man sich laut Herbert Pratter im Gespräch bei den österr. Medientagen 2013 [15] international und in Europa schon längst auf das neue Werbemodell umgestellt oder es zumindest integriert. Es ist eine Notwendigkeit, revolutionäre Technologien anzubieten, da sonst Kunden und Budgets abwandern und auf internationalen Börsen die betreffenden Online-Medien frequentieren.

Für 2013 werde *Dentsu-Aegis-Austria* einen sechsstelligen Umsatz allein aus RTB erwirtschaften, berichtet Pratter. In Summe würden Kunden bereits 5 bis 30 Prozent ihrer Online-Budgets über Real-Time-Bidding abwickeln und investieren.

Andere Stimmen bei den österreichischen Medientagen 2013 kommen beispielsweise von Tanja Sourek, Director Marketing Communications bei *A1*, welche sich für ihr Unternehmen die Verwendung von Real-Time-Bidding nicht vorstellen kann. Wenn es um Branding gehe, also der Anwendung einer Marke auf neue Produkte, sei RTB nicht tauglich, um in einem Massenmarkt zeitnah die Werbeeindrücke in Sales zu verwandeln, so Sourek auf den Medientagen 2013 [15]. Weiters stellte man bei Stichproben fest, dass sich von *A1* bezahlte Werbeflächen über den globalen Counter plötzlich auf arabisch-sprachigen Seiten wiederfanden – in der Zielbeschreibung beim Kampagnenbriefing war man hier weit von solchen Angaben entfernt.

Weitere Gegenstimmen auf den österreichischen Medientagen 09/2013 kamen z.B. von Matthias Stöcher, Anzeigenleiter von *derstandard.at*, der meinte, dass noch viel zum qualitätsvollen Handel an Standards fehle. Stöcher und Sourek stimmten darin überein, dass, wenn in Österreich 50% der Werbeflächen ungenutzt sind, diese Flächen wohl „niemanden interessieren" und daher auch mit RTB nicht mehr ins Spiel zu bringen seien.

Einwenden könnte man hier, wenn man ein Beispiel aus der Realwirtschaft bemüht, dass ein Obsthändler, wenn er 50% seiner Ware nicht verkauft, sich ergo damit abfinden und sie grundsätzlich wegwerfen sollte, ohne noch zu versuchen, sie an den Mann zu bringen. Werbeflächen verderben nicht, sie haben prinzipiell kein Ablaufdatum – die Chance, sie noch zu Geld zu machen, ist daher, zumindest nach dieser Denkweise, weit höher. Das globale RTB-Netzwerk ist bereits groß, doch für lokale Märkte benötig man mehr und mehr Mitstreiter, welche sich derselben Technologie bedienen. Wie man auch bei anderen Netzwerken (wie *Facebook, twitter & co.*) sieht: Die Gruppe macht den Unterschied. Das Vorhandensein vieler Mitglieder erhöht den Nutzen und die Attraktivität einer Gruppe enorm – aus diesem Grund werden beispielsweise auch die meisten mobilen Apps in ihrer Basisversion mit Werbeanzeigen gratis angeboten: Rätsel-, Rate-, Quiz- und Zeichenspiele wären ohne das Vorhandensein von anderen Playern nicht viel wert. Das trifft auf die Telekommunikation sowie auf Messaging-Systeme aller Art, genauso wie auf soziale Systeme zu. Man nehme nur einmal eine Versicherung mit vielen oder im Gegensatz wenigen Kunden an, die das Risiko und die Prämienhöhe untereinander aufteilen sollen. Handyprovider mit vielen Teilnehmern werden jenen mit wenigen vorgezogen (sofern die Qualität stimmt). Interessensgruppierungen mit vielen Mitgliedern sind somit vorrangig gegenüber kleineren.

5. Wie funktioniert RTB im Ablauf?

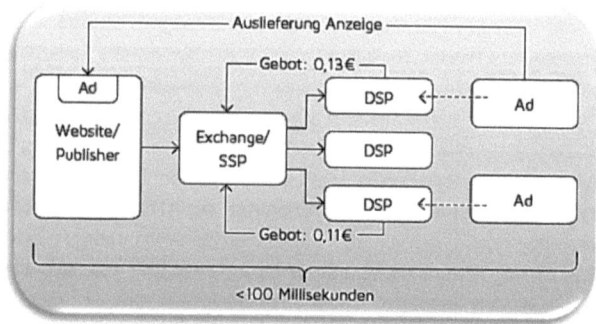

Abbildung 7: Ablauf von RTB [10]

RTB ist ein mehrstufiger Prozess wie in Abb. 7 – im Folgenden werden die einzelnen Schritte dargestellt:

1. Ein User besucht eine Website, die Möglichkeiten für verschiedene Werbeplätze vorsieht. Für jeden Werbeplatz wird vor Anzeige der Werbung vom Ad Exchange Server der SSP innerhalb von Millisekunden eine Anfrage an die angebundenen DSPs und Ad Networks geschickt. Die Anfrage umfasst den Werbeplatz und das Nutzerprofil mit eindeutiger User-ID

2. Die DSPs und Ad Networks prüfen, ob die Userprofil-Attribute zu den Zielgruppen-Parametern der Kampagnen ihrer Advertiser passen. Auf dieser Basis und von Bietstrategien platzieren die DSPs oder das Ad Network im Namen des Advertisers ein Gebot auf diesen konkreten Werbeplatz.

3. Die SSP und Ad Exchanges nehmen alle Gebote entgegen und geben dem Höchstbieter den Zuschlag – innerhalb von weniger als 100 Millisekunden wird die Werbung des Siegers auf dem Werbeplatz eingeblendet.

5.1. Die Rolle der SSPs im Wertschöpfungssystem bei RTB

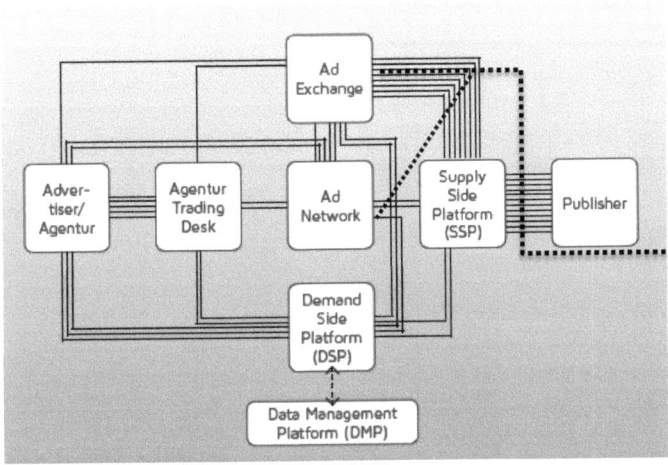

Anmerkung des Autors:
Ad Exchange und Ad Network übernehmen bei Real-Time-Bidding die Vermarkterfunktion, da sie Angebote bündeln und Preise optimieren (siehe Kapitel 3.1.2.: Aufgaben eines Vermarkters)

Abbildung 8: Die Akteure im Real-Time-Bidding-Markt [10]

SSPs haben, wie in Abb. 8 gezeigt, das Ziel, für den Publisher die optimale Vermarktung (Yield-Management) seines Inventars zu erreichen. Dafür werden diverse Nachfrage-Kanäle angeschlossen und es werden ihnen auf RTB-Basis Online-Werbeschaltungen angeboten, welche dann verdeckt über ein Auktionsverfahren versteigert werden. Somit wird Konkurrenz geschaffen, und es wird für den Publisher erreicht, dass der höchste TKP gemessen an der Zahlungsbereitschaft erzielt wird.

Ziele und Aufgaben der SSP sind:

- Vereinfachung des Prozesses
- Höchstmöglicher TKP für den Publisher
- Gesamtes Handling der Nachfrage-Kanäle (Ad Networks, Websites, Ad Exchanges)

- Werbeinventar wird gebündelt und angeboten
- Übergibt grundlegende Browserinformationen (Sprache, Cookies) über den User, der die Ad Impression generiert
- Ablauf wie Vickrey-Auktion (mehr zur Vickrey-Auktion in Kapitel 13.6): Gewinner zahlt nicht Höchstgebot, sondern einen Cent mehr als Zweitgebot

Abbildung 9: Die größten Supply-Side-Platforms [23]

5.2. Die Rolle der DSPs im Wertschöpfungssystem bei RTB

Demand Side Plattformen sind Dienstleister für Advertiser und auch für deren vermittelnde Agenturen. Über sie können die Werbetreibenden effizient und zentral Werbeinventar einkaufen, und dies ohne direkten Kontakt zu Ad Networks, Ad Exchanges und SSPs. DSPs haben drei Rollen:

1. Sie übernehmen die technische Anbindung an die Angebots-Kanäle
2. Im Hintergrund optimieren Algorithmen die Effizienz von Kampagnen
3. DSPs können Daten von Dritt-Anbietern einbinden, um das vom Angebotskanal angebotene Nutzerprofil aufzuwerten und die Werbung besser zu fokussieren

Über einen Algorithmus bündeln sie auch die Nachfrage von Werbetreibenden nach Werbeflächen und übernehmen die Auktion – dafür greifen sie auch auf Ad Exchanges zu (weil diese wiederum Zugriff auf den ganzen Cluster von Werbeinventar haben). Die DSPs übernehmen auch die Targeting-Einstellungen und den Biet-Algorithmus für das Erwerben von Anzeigeplätzen.

Über diesen Algorithmus werden Gebote für Ad Impressions generiert und an die SSP übergeben.

Bei der SSP finden sich schließlich alle aggregierten Gebote der angeschlossenen DSPs wieder, und die SSP vergibt die verfügbare Ad Impression an den Höchstbietenden.

Ein großes Thema sind die technologischen Herausforderungen: beim Ad Exchange *Right Media* häuften sich laut eigener Aussage im Quartal 3/2011 täglich 10 Milliarden Aufrufe für RTB an. Ein Vergleich: Bei Spiegel Online sind es täglich ca. 35 Millionen - um Faktor 300 weniger Aufrufe [11]...

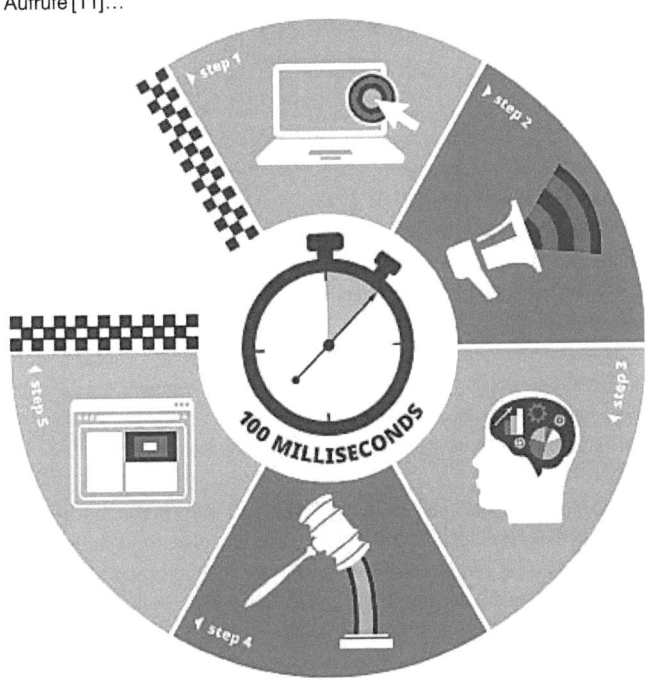

Abbildung 10: Schema des RTB-Ablaufs von *Google DoubleClick* [16]

Genauer und anschaulicher erklärt es *Google DoubleClick* in einem Schema (Abb. 10) des Auktionsmodells, welches aus 5 Schritten besteht:

1. Der User besucht eine Seite
2. Ein Sichtkontakt (Ad Impression) wird gemeldet, an den Advertiser wird eine „Bid Request" ausgesendet (ob er diese Werbefläche für diesen Moment kaufen will)
3. Viele Informationen über den User, die Seite usw. werden an den Advertiser übertragen, damit dieser eine Grundlage hat, zu bieten
4. In Millisekunden muss bei der Auktion reagiert werden (automatisch von der DSP) um den Zuschlag zu erhalten, die Ad Exchange steuert die Auktion und bestimmt den Gewinner

5. Schließlich und endlich wird die gewinnende Ad ausgeliefert und der User sieht sie am Schirm

6. Die wirtschaftliche Entwicklung von Real-Time-Bidding in Zahlen

Das international tätige Marktforschungs- und Beratungsunternehmen *IDC* („International Data Corporation") erwähnte bereits in einem Branchenbericht für Quartal 3 2012, dass Real-Time-Bidding im Begriff sei, schnell zu wachsen [17]. In den USA, aber auch weltweit scheint das Wachstum ungebrochen. RTB wächst somit schneller als jedes andere Gebiet der digitalen Werbeindustrie, welches mobile, Video- und soziale Werbung einschließt. Das schnelle Wachstum von RTB ist letzten Endes auf die großen finanziellen Benefits zurückzuführen, welche durch die Integration, Automation und Optimierung der Display-Wertschöpfungskette resultiert. Auf der einen Seite profitieren die Publisher davon, da sie Geld sparen und außerdem den Ertrag ihres Werbeinventars steigern. Auf der anderen Seite sind die Werbeagenturen, welche ihren „Return on advertising spend" (ROAS) [17] erhöhen (vergleichbar mit ROI = Return on Investment) – beide Seiten können ihre Profitabilität verbessern.

Die globale Prognose der *IDC* war, dass die Spendings in RTB von 1,4 Billionen USD in 2011 zu etwa 13,9 Billionen USD in 2016 ansteigen würde, dies mit einer durchschnittlichen jährlichen Wachstumsrate von 59,2 %. Der Anteil von RTB am Display-Advertising-Markt werde laut *IDC* von 5% auf 20% ansteigen, der RTB-Anteil an allen indirekten Display-Ad-Sales werde gar von 14 auf 58% steigen. Indirekt werden alle Verkäufe genannt, die beispielsweise über eine Plattform und einen Bietprozess und ohne direkte Kontrolle getätigt werden. Indirekte Display-Ad-Sales gibt es bereits jetzt schon, und der RTB-Anteil wird bis 2016 wie in Abb. 7 beschrieben um etwa 54% aus heutiger Sichtweise steigen.

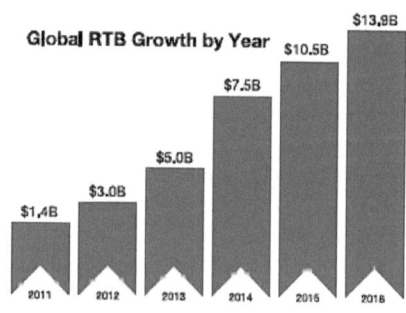

Abbildung 11: Globales Wachstum von RTB 2011-2016 [17]

* _Indirekte Display-Ad-Sales: Sind alle Verkäufe über automatisierte Netzwerke wie RTB, wo kein direkter Kontakt zu Publisher oder zu Ad Network/Ad Exchange herrscht. Meint das Gegenstück zum klassischen Trading-Modell, wo Ad Networks die direkten Mittler zwischen Publisher und Advertiser sind und bei dem die Ad Exchange die Anfragen der Ad Networks durchreicht und aggregiert, siehe Abb. 8. Bei RTB kommen Ad Exchange und Ad Network zwar ins Spiel, übernehmen hier aber keine direkte Verkaufsrolle. So kann der Verkauf über Ad Exchanges und Ad Networks ohne RTRB entweder direkt über manuell gesteuerte „Click&Buy"-Werbeflächenkäufe geschehen oder bei RTB über programmatisches „buying", das automatisiert abläuft und Ad Networks und Exchanges (siehe Abb. 12) nur als Trägermedium nutzt._

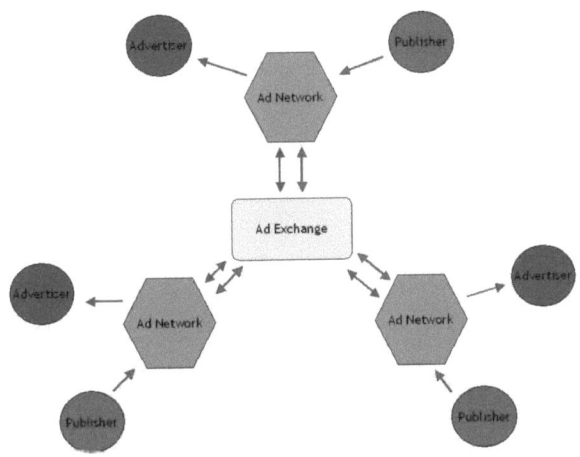

Abbildung 12: Klassisches Handelsmodell mit Hilfe einer Ad Exchange [18]

Die USA waren Ende 2012 und sind auch aktuell der Vorreiter im RTB-Bereich: Hier finden sich 2011 von den gesamten globalen RTB-Spendings in der Höhe von 1,48 Billionen USD über 1,1 Billionen USD auf dem US-amerikanischem Markt wieder. Dies wird sich bis 2016 mehr als verachtfachen. Der Anteil von RTB am globalen Display-Markt wird von derzeit etwa 19% auf 27% im Jahr 2016 steigen [17].

Der größte Wachstumsfaktor für Real-Time-Bidding sind nach _IDC_ die indirekten Verkäufe – diese werden von 8 % im Jahr 2011 auf 58% im Jahr 2016 ansteigen.

Wie schon beschrieben, sind indirekte Verkäufe all jene, die nicht direkt vom Publisher kontrolliert werden. Über private Verkaufsplattformen wie Pubmatic werden derzeit jedoch private Marktplätze bedient, welche einen kontrollierten, aber automatisierten Direktverkauf von Werbeflächen gewähren.

In den USA machten die indirekten Verkäufe Ende 2013 bereits die Mehrheit aus – UK, Frankreich, Deutschland und Japan haben seit 2011 stark aufgeholt und auch hier machen die „indirect buyings" im Jahr 2014 bereits den überwiegenden Anteil aus.

Nach Meinung des Marketing- und Beratungsdienstleisters wird zukünftiges Wachstum von „mobile sales" und vom Premium-Inventar der Werbeflächen kommen, welche bisher nur stiefkindlich behandelt wurden.

So beschreibt auch der RTB Trend Report Europe von *adform*, einer dänischen Softwarefirma, für Europa 2013 einen regelrechten Sprung im Wachstum. Der Gesamtanteil von RTB-verkauften „mobile and tablet impressions" stieg von 2,65% im Jänner auf 13,75% im Dezember – was einer Steigerung um 518% gleichkommt [19].

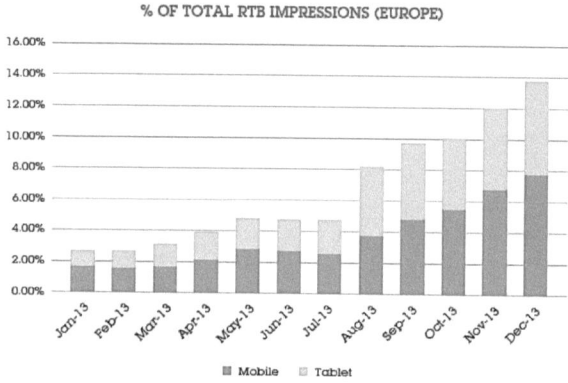

Abbildung 13: Relative Entwicklung von "Mobile and Tablet" am RTB-Markt 2013 [14]

Im ersten Quartal 2013 machten bereits wie in Abb. 13 zu sehen ist„ mobile and Tablet" RTB-Werbe-Impressions etwa 15-20% des RTB-Marktes aus. Die sogenannten „Take-aways" stiegen ebenso, welche Ratschläge des Unternehmens für Agenturen sind, höhere Volumina an Inventar zu organisieren, das auch „mobile-friendly" ist. Ganz allgemein ist ein deutlicher Fingerzeig auf den mobilen Markt zu erkennen, da der heutige Konsument mit mehreren Geräten arbeitet und vor allem mobil sehr gut für Werbung zu erreichen ist. Wie der "RTB Trend Report Europe Q4" [14] von *Adform* festhält, schätzt man den programmatischen Werbe-Ansatz als sehr tauglich ein, um „economies of scale" zu erreichen – also eine sehr hohe Menge an Werbekonsumenten und gemeinsam mit

Targeting-Möglichkeiten eine sehr hohe Chance, gelieferte Werbung auch in Kauf-Aktionen des Kunden umzuwandeln.

Aufgrund der genannten Zahlen und der starken Wachstumsfaktoren von RTB wird ersichtlich, warum diesem Thema in der letzten Zeit und aktuell so viel Bedeutung zukommt.

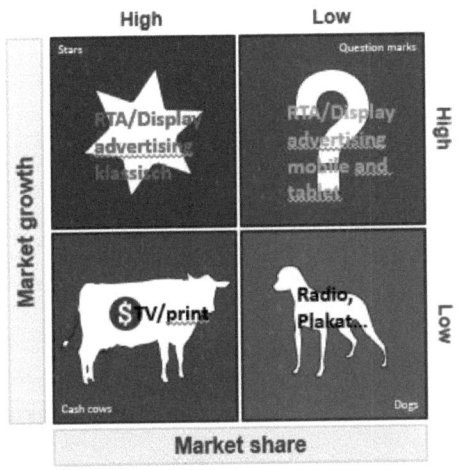

Abbildung 14: BCG-Growth Matrix für RTB [20]

Angewendet auf das Diagramm der Boston-Consulting-Group-Matrix in Abb. 14 für Marktwachstum, bekommt das Wort „Star" seine richtige Bedeutung. Grundsätzlich gehören RTB klassisch und mobil zusammen. Zur besseren Interpretierbarkeit der Marktsituation wurden aber die wichtigsten Player der Werbewirtschaft einzeln aufgeführt.

Gemessen am gesamten „Werbekuchen" hat Real-Time-Bidding global gesehen bereits einen hohen Anteil am digitalen Werbemarkt. Die RTB-Komponente mobiles und Tablet-Advertising hat noch einen relativ niedrigen Marktanteil, ist aber aufgrund der Entwicklungen und Trends am Weg nach oben – eine „Question Mark" (=Fragezeichen), da neben Wachstum noch der nötige Marktanteil fehlt.

Die anderen klassischen Bereiche wie TV oder Print entwickeln sich vergleichsweise stabil und haben ihre Wachstumssprünge hinter sich gelassen. Printwerbung kommt bei den Werbespendings am deutschen Markt bereits hinter Internet-Advertising. Für 2013, siehe Abb. 17, galt nach dem *BVDW* (=Bundesverband Digitale Wirtschaft) Bruttowerbekuchen [21] die Prognose, dass Internet-Werbung schon knapp 9 Prozentpunkte vor Zeitungswerbung liegt.

Bei der oben zu sehenden Matrix haben den Posten „Poor Dogs" die Werbeklassiker Radio und Plakate eingenommen – diese Bereiche haben beinahe keines oder rückläufiges

Wachstum und auch ihr Marktanteil ist niedrig. Der Marktanteil von Plakaten am gesamten Volumen ist so gesehen stets niedrig und jener von Radio schrumpfte konstant in den letzten Jahrzehnten.

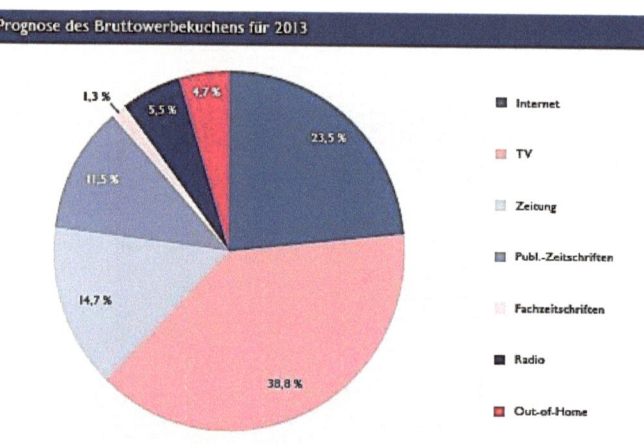

Abbildung 15: Werbevolumen in Deutschland, Prognose für 2013 [21]

Zusammengefasst lässt sich festhalten, dass mit dem Boom der Suchmaschinenwerbung und dem Verlangen nach Marktplätzen für Online-Werbeflächen, wo Nachfrage und Angebot direkt auf einander „prallen", Real-Time-Bidding seinen Anfang nahm.

Seit mehreren Jahren treibt es bereits im englischsprachigen Bereich und nun auch in Österreich das Wachstum des Online-Werbesektors voran, siehe Abb. 15.

So beschreibt auch Jost Loehnenbach, Sales Manager bei *DataXu* in Deutschland [22], dass er im heurigen Jahr mit einem besonders starken Wachstum im Bereich RTB rechnet und besonders mobile Dienste im Fokus der Agenturen und Dienstleister sind, da sie auch neue Daten über Ort und Zeit des Einkaufs und viele andere Marketing-Parameter versprechen.

7. Die Anzahl der Advertiser wächst – was ist mit den Publishern?

Die Nachfrage nach RTB -Kampagnen auf dem deutschen Markt und in Österreich wachsen stetig – die Angebotsseite wiederum zeigt sich hierzulande wiederum von Vorsicht und Zurückhaltung geprägt [23]. Gerade Zusammenschlüsse wie die *AGOF* (Arbeitsgemeinschaft Online-Forschung) geben oft nur einen kleinen Teil ihres Inventars für den automatisierten Verkauf über SSPs frei – es kommt auch vor, dass sich Vermarkter noch ganz dem Echtzeit-Vermarkten verschließen. Der Grund für diese Vorsichtsmaßnahmen ist die Angst vor Preiseinbrüchen bei der Vermarktung von Premium-Platzierungen, welche bisher sehr hohe TKPs (Tausender-Kontakt-Preis = CPM) versprachen. Ein Mittelding, welches auch Herbert Pratter von *Dentsu-Aegis-Network-Austria* anspricht, sind die „Private SSPs" oder „Private Deals", bei denen die gefragten Werbeflächen nicht öffentlich zugänglich sind, sondern nur handverlesenen Partnern zur Auktion freigegeben werden. Man kann es sich am besten wie einen Tunnel vorstellen, ein geschützter Platz, an dem von der DSP-Seite nur gewisse Bieter zugelassen sind und wo die Auktion auch nur für jene Bieter sichtbar bleibt.

Wo man zuerst den Eindruck eines anscheinend „basisdemokratischen" Systems mit totalem und transparentem Zugang haben konnte, zeigt sich, dass auch bei Real-Time-Bidding nicht immer eine Chancengleichheit und das gleiche Recht auf Ersteigern einer Werbefläche gelten.

Zur technischen Umsetzung gibt es hier die Möglichkeit, dass der Vermarkter diese Auktion über eine eigene Supply-Side-Plattform abwickelt, oder aber er nützt etablierte SSPs und erstellt gesonderte Zugriffsrechte für diesen „Private Deal".

Um darüber hinaus den angestrebten Preis einer Werbefläche erreichen zu können, fahren auch viele Vermarkter eine sogenannte „Floor-Price-Strategie", bei der ein Basis-TKP („Floor Price") vereinbart wird, den der Advertiser mindestens ausrufen muss, um die Ad Impression zu bekommen. Gebote unter diesem Mindestpreis werden in der Auktion gar nicht berücksichtigt.

Die nachfolgende Tabelle in Abb. 16 zeigt eine Auflistung der RTB-Aktivitäten der größten Vermarkter am deutschen Markt. Sie zeigt zudem, welche Strategie gefahren wird: ob mit Floor-Price-Strategie oder mit Private-Deal (und vielleicht zusätzlich mit Floor-Price-Strategie).

Vermarkter	aktiv im RTB?	Floor-Price-Strategie?	Private Deal notwendig?
Axel Springer Media Impact	✗	-	-
Bauer Media	✗	-	-
Business Advertising	✗	-	-
eBay Advertising Group	✓	✓	✓
G+J Electronic Media Sales	✓	✓	✓
Hi-Media Deutschland	✓	✓	✗
InteractiveMedia CCSP	✓	✓	✓
IP Deutschland	✗	-	-
Microsoft Advertising	✓	✓	✗
netpoint media	✓	✓	✗
OMS	✓	✓	✓
Quarter Media	✓	✓	✗
SevenOne Media	✓	✓	✗
SPIEGEL QC	✓	✗	✗
United Internet Media	✗	-	-
Urban Media	✓	✓	✗
Yahoo! Deutschland	✓	✗	✓

Abbildung 16: RTB-Strategien ausgewählter Top-*AGOF*-Vermarkter in DE [23]

Wie in der Tabelle zu sehen ist, beschäftigen sich schon die meisten aller ausgewählten Top-Vermarkter mit Real-Time-Bidding/-Advertising. Nur ein kleiner Teil ist hingegen bereit, seine Werbeflächen auf Basis einer ursprünglich freien und gleichberechtigten Auktion zu verkaufen, die ohne Mindestpreis startet – zu groß ist die Angst, bei Premium-Plätzen den hohen TKP-Wert zu verlieren. Stattdessen sind private Marktplätze, die bereits genannten „Private Deals" von großer Beliebtheit. Hier werden im kleinen, „elitären" Kreis vor allem Premium-Plätze unter ausgewählten Interessenten versteigert.

Die grundsätzliche Frage ist, ob dieses Sicherheitsverhalten der Publisher in Zukunft aufgebrochen werden kann und ob Floor-Price-Strategien gelockert oder gar verworfen werden, da für die Vermarkter durchaus die große Chance besteht, ihre Rendite, ihre „Yield" zu maximieren. Beim Real-Time-Bidding ist es für gewöhnlich so, dass, so lange es zwei unabhängige Parteien in Form von DSP und SSP gibt, das maximal mögliche Gebot für den Publisher und umgekehrt das minimal nötige Gebot des Nachfragers/Werbers zum Zug kommt.

7.1. Die Demand-Side auf dem deutschen Markt (DSP) – eine Einführung

Unternehmen, Einzelpersonen oder Institutionen, die werben wollen, stehen einer Vielzahl von Demand-Side-Plattformen am deutschsprachigen Markt gegenüber. Hier sind die angeschlossenen Inventarquellen durch die Vernetzung der Ad Networks und Ad Exchanges beinahe kongruent. Darum geht es für die Advertiser (Werber) im Einzelnen vor allem um die Art der Bietroutine (Bidding-Algorithmus) und die Beschaffenheit der Targeting-Kriterien, die für sie den Unterschied ausmachen.

Zu den Targeting-Kriterien wird in Kapitel 11 noch vieles im Detail erklärt: Dabei wird konkret eine RTB-Kampagne beim Anbieter *Revcloud* konzipiert.

Je gröber gefasst die Targeting-Möglichkeiten sind und je weniger intelligent die Bietroutine ist, umso geringer sind die individuellen Optimierungsmöglichkeiten, die für den weiteren Erfolg jedoch sehr wichtig sein können [23].

Es gibt prinzipiell zwei Arten von Anbietern für die Advertiser (siehe auch Abb. 17):

- Self-Service DSPs, die lediglich die Technologie bereitstellen, aber dem Advertiser die Optimierung und Organisation der Kampagne überlassen [23]:
    - Kontrolle ist inhouse
    - Kostenstruktur sehr transparent, da alles in einer Hand
    - Einblick in fast alle Kampagnendetails
    - Targeting-Einstellungen völlig individuell vom Werber konfiguriert
    - Hoher interner Ressourcen-Aufwand
    - Internes Know-How zwingend nötig

- Managed-Service DSPs, bei denen es sich um ein Full-Service handelt, wo also Aufsetzen und Optimierung der Kampagne für den Advertiser gleich mit übernommen wird [23]:
    - Keine internen Ressourcen, kein Knowhow notwendig
    - Kampagnenaussteuerung komplett extern
    - Kostenstruktur intransparent
    - Kein tiefer Einblick in Kampagnendetails oder Einfluss auf Targeting

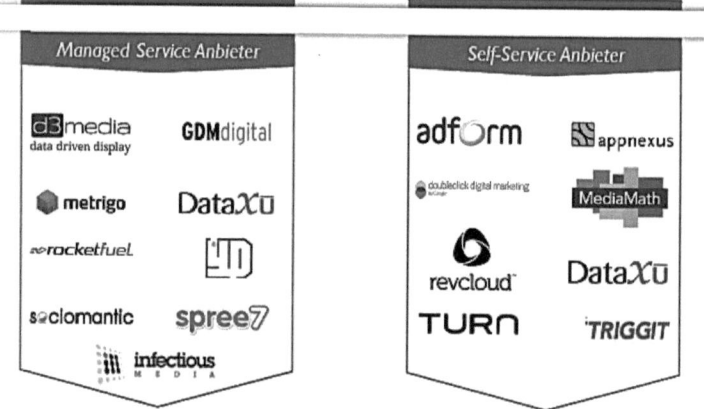

Abbildung 17: Die wichtigsten DSPs für Deutschland [23]

7.2. Google Display Network als Vorläufer von Real-Time-Bidding/-Advertising

Wie so oft spielt auch hier wieder *Google* als großer Player bei den DSP-Anbietern mit und positioniert sich mit dem *DoubleClick Bid Manager* als einer der Marktriesen im Bereich Self-Service-DSP. Dass *Google* hier nicht in ein völlig neues Umfeld wechselte, zeigt die Tatsache, dass auch bei der Suchmaschinenwerbung mithilfe eines komplexen Bidding-Algorithmus bereits Anzeigeplätze an den Höchstbietenden versteigert werden [23].

Ein erster Schritt in die Richtung von RTB war für *Google* bereits die Einführung des „*Google Display Netzwerk*" (GDN), das seinen Werbekunden in der Suchmaschine erlaubte, Display-Werbeschaltungen auszuspielen und die dafür benötigten Werbeflächen auf einer Cost-Per-Click-Basis zu ersteigern.

Anders als in der reinen Suchmaschinenwerbung gab es hier bereits mehr Möglichkeiten:

o Diverse Targeting-Optionen (wie „Aussteuerung auf Platzierungen oder Themen" [23])
o Kombination dieser Targeting-Kriterien

Dies bedeutete, dass beim *Google Display Network* bereits eine recht granulare Koordinierung und Optimierung von Werbekampagnen möglich war. Das GDN ist als eine Art „Managed Service DSP" zu verstehen, da der Advertiser grundsätzlich Kontrolle über die maximal von ihm gebotenen durchschnittlichen CPC (Cost Per Click) hat. Zu welchem Preis allerdings *Google* selbst die gewonnenen Werbeflächen ersteigert hat und welche Gewinnspanne bei *Google* verbleibt – darauf hat er keinerlei Einfluss oder auch Einsicht.

7.3. Googles DoubleClick und das transparentere RTA

Das *Google Adsense*-System bildet sowohl die Grundlage für das *Google Display Network* als auch für das später eingeführte *DoubleClick Exchange* (siehe Abb. 18).

Das *Google Adsense*-System wurde 2003 gegründet und verfügte zehn Jahre später bereits über zwei Millionen Publisher, also Bereitsteller von Werbeflächen.

Bis 2009 wurden Anzeigen nur in Textform unterstützt, bis dann auch Werbebanner über das System „delivered" werden konnten [24].

Diese Wandlung zu grafischen und audiovisuellen Inhalten stand nicht zuletzt im Zusammenhang mit dem Erwerb der Firma *DoubleClick*, mit deren Knowhow *Google* 2009 das „*Google DoubleClick Exchange*" einführte – ein Marktplatz für grafische Werbemittel.

*Google*s „*DoubleClick Bid Manager*" (DBM) ist um einiges transparenter als das Er- und Versteigern über das reine *Google Display Network*, da hier vertraglich festgehalten wird, wie hoch die Marge ist, die *Google* vom gebotenen TKP einhebt. Ein weiterer Vorteil ist die höhere Reichweite: Während über GDN nur auf eine einzige Supply-Side-Platform zugegriffen werden kann (*DoubleClick Ad Exchange*) und nur das Inventar direkt angeschlossener Geschäftspartner gesehen wird, ist über den *DoubleClick Bid Manager* der Zugriff auf alle großen SSPs der Welt möglich.

Auch im Bereich Targeting, das ja einer der Grundbestandteile und –argumente für RTB ist, ist der DBM besser ausgestattet und es wird viel ausdifferenzierter als nur mit Standard-Daten wie Alter, Geschlecht oder Geo-Lokalisierung gearbeitet [23].

Die grundsätzliche Unique Selling Proposition (USP), also das Alleinstellungsmerkmal des *DoubleClick Bid Manager*s ist, dass über die *DoubleClick*-Produktlinie viele Stationen der RTB-Infrastruktur abgebildet werden konnen. Wenn Advertiser über DBM ihre Kampagnen aufstellen, können Publisher über *DoubleClick Ad Exchange* währenddessen ihr Inventar zur Disposition stellen. Hier werden also sowohl Nachfrage- als auch Angebotsseite abgedeckt, sowohl DSP als auch SSP.

Google wäre nicht so erfolgreich am Markt, wenn es nicht in weiterer Folge viele Möglichkeiten sehen würde, noch mehr Nutzen aus einer Kampagne zu schlagen: Mit *teracent* bietet es die Möglichkeit, dynamische Werbemittel auf der Basis von Daten zu erstellen.

Sebastian Gruber von *winfuture* resümiert auf seiner Webpräsenz [25]: 2009 kaufte *Google teracent* und spezialisierte sich auf Werbung, die sich in Echtzeit dynamisch an den User anpasst: Hier werden mittels eines lernenden Algorithmus Region, Uhrzeit, Sprache, Inhalte der angesurften Webseiten und bereits vorher erfasste Daten berücksichtigt – kurzum:

Google hat sich mit dieser Akquisition die Grundlagen für das hauseigene Targeting geschaffen.

	Google Display Network	DoubleClick Bid Manager
Abwicklung	Managed Service mit Einfluss auf den durchschnittlich gebotenen CPC	Self Service mit vollem Einfluss auf die Kampagnenaussteuerung
Abrechnungsart	CPC (cost per click)	TKP (Tausender-Kontakt-Preis)
Vergütungsmodell	Höhe der Marge unbekannt	Prozentualer Aufschlag
Reichweite	Zugriff auf doubleclick Ad Exchange und eigene angeschlossene Partner	Zugriff auf doubleclick Ad Exchange und alle weiteren großen SSPs
Targeting	Aussteuerung nach Platzierung, Kontext, Thema oder Interesse	Vielfältige Targeting-Optionen
Einbindung von Third Party Daten	Keine Einbindung von externen Daten möglich	Einbindung von externen Daten möglich

Abbildung 18: Gegenüberstellung von GDN und DBM [26]

8. Real-Time-Bidding: der Umbruch des Display-Werbemarktes

Bisher war es am Werbemarkt wie bei der Vermarktung von Print-Medien gängig, dass man Premium-Zielgruppen mit entsprechenden Werbeumfeldern sehr gut erreichen konnte. Dafür wurden regelmäßig Umfragen durchgeführt. Hier wollte man den typischen User näher explorieren. Für das Prädikat „Premium" waren eine starke Marke und gute, redaktionelle Inhalte notwendig. Das bedeutet, dass der Inhalt eines Werbeträgers (Mediums) der ausschlaggebende Faktor für die Bemessung des monetären Wertes desselbigen war. Der „Content" war also entscheidend und prägte die Maxime: „Content is King!"

Die Umkehr des Sprichworts war für die Werbung im Internet: „Audience is King!". Im Internet waren nicht immer hochwertige und teure redaktionelle Inhalte nötig, denn man erreicht die User durch die technisch mögliche und direkte Ansprechbarkeit theoretisch überall dort, wo er gerade im Internet unterwegs ist [11].

Die Kernidee, von der Real-Time-Bidding ausgeht, ist, wie bereits angeführt: Die direkte Erreichbarkeit des Users dort, wo er gerade (mit seiner Aufmerksamkeit, oder auch lokal) ist. Darüber hinaus möchte man den User wiedererkennen und markiert ihn oder versieht ihn mit „Cookies" (siehe Erklärung in Kapitel 9). Der User soll unabhängig von seinen aktuellen Surfgewohnheiten oder seinem Standort auf seiner Reise durch das Netz „verfolgt" („getracked") werden können und somit soll ein viel umfangreicheres Profil des Käufers als bisher jemals in der Online-Werbung möglich war, geschaffen werden. Durch Aggregation der Userprofile, die Ähnlichkeiten aufweisen, sollen Zielgruppen gebildet werden und allgemeine Kampagnenstrategien ausgearbeitet werden können.

Mit RTB rückten nun „Targeting" (=zielgerechte Auslieferung von Werbeschaltungen an Zielgruppe) und Ansprache jedes einzelnen Users in den Vordergrund. Jede Ad Impression (=anderes Wort für das Werbemittel oder auch die Betrachtung desselben durch den User) wird hierbei mit einem zugehörigen Nutzerprofil gekoppelt und diese Werbefläche wird in Echtzeit auf einem Auktionsmarktplatz angeboten [27].

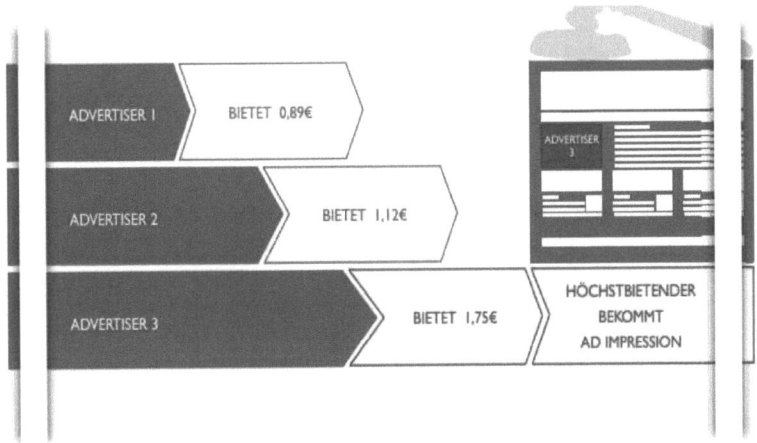

Abbildung 1: Im RTB bieten mehrere Advertiser auf eine Ad Impression. Der Zuschlag geht dabei an den Höchstbietenden.

Abbildung 19: Bietprozess beim RTB [11]

Wenn ein Advertiser eine Auktion gewinnt, wird seine Werbung nach dem Transfer des Werbemittels innerhalb kürzester Zeit auf der Seite des Publishers angezeigt. Früher bezahlte man effektiv für den Einkauf der Werbefläche, heute für den, salopp fomuliert, „Einkauf von Usern", was gleichsam das Schlagwort für RTB geworden ist (siehe Abb. 19).

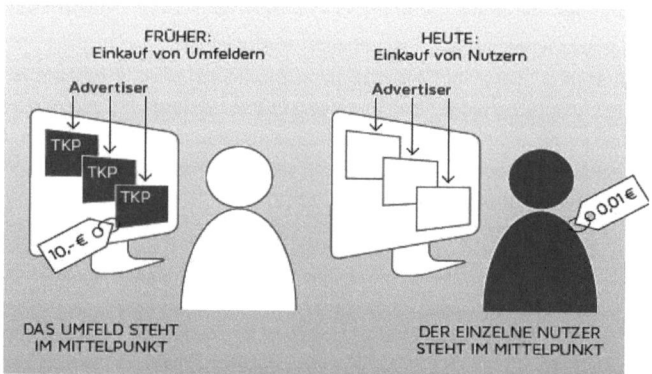

Abbildung 20: Umfeld vs. einzelner Nutzer [11]

Der Clou ist, dass hier der Advertiser nicht nur auf die Werbefläche, sondern vielmehr auch auf das Nutzerprofil bietet, und nach Profilparametern entscheidet, ob der User es „wert" ist (siehe Abb. 20), ihm diese oder jene Werbung zu zeigen. Dies bedeutet, er hofft, so stärker in die Effektivität und Effizienz seiner Werbung investieren zu können, da diese nicht wahllos ausgesendet wird, sondern besonders jenen Usern gezeigt wird, wo eine Reaktion (ein Kauf, eine Spende o.ä.) wahrscheinlicher ist als beim Durchschnitt der User.

Hier sind vor allem die Begriffe „Data Driven Advertising" und „Programmatic Buying" wichtige Begriffe, die mit RTB aufkamen.
Diese beiden im Marketing neu eingeführten Worte bergen in sich das Spektrum an Möglichkeiten, das Real Time Advertising seinen Nutzern bietet:
Einerseits die von Userdaten angetriebene Werbung, die auf den „gläsernen User" setzt und ihn konzentriert und abgestimmt auf seine Bedürfnisse mit Werbung versorgt.
Andererseits die Verkürzung des Ablaufs, die Rationalisierung der Prozesse und nicht zuletzt das Einsparen von Personalkosten, die bisher mit der Abwicklung einer Display-Ad-Kampagne verbunden waren..
Auch wenn am deutschen Markt das Mediavolumen der Displaywerbung im Vergleich zu anderen Märkten noch relativ niedrig ist, gibt es jetzt schon gebrauchsfertige Technologien, um die einzelnen Marktteilnehmer je nach Zielen zu bedienen [28].
Im Rahmen von „Private Marketplaces" kommt es auch immer wieder zur Veräußerung von qualitativ hochwertigen Werbeplätzen, was sich in den kommenden Jahren ähnlich fortsetzen wird. "Private Marketplaces" sind private Börsen am RTB Markt, welche auf einige Kanäle und Nachfrager reduziert sind und nicht dem vollen Wettbewerb unterworfen sind.

Bisher galt RTB vor allem als Anlaufhafen für wenig frequentierte oder „Diskont"-Werbeflächen, die mit dem Bietsystem RTB unkompliziert und in der Masse gewinnbringend versteigert wurden.

Das Display-Advertising war laut „Realtime Advertising Kompass 2013/2014" vom *BVDW* in den vergangenen Jahren an seine Grenzen gelangt – wesentliche Potenziale an Usern und Werbenden waren bereits erfolgreich ins Internet gebracht worden [28]. Die Drehschrauben zur Erhöhung der Effizienz auf Agenturseite waren ebenfalls schon bis zum Anschlag angezogen worden – Real Time Advertising bot sich laut dem RTA-Kompass optimal an, um die Kosten zu senken und die Effizienz des eingesetzten Werbebudgets in bedeutender Form zu heben (globales Schema in Abb. 21). Auf der einen Seite bringt RTB also eine gesteigerte Wertschöpfung aus vorhandenen ungenutzten Flächen und neuen Nutzern, auf der anderen Seite kommt es zu einer Kostenersparnis durch Rationalisierung und Automatisierung der Prozesse.

Befragt man Mediaplaner [29], wieviel Prozent der bislang eingekauften Werbefläche sie gewählt hätten, wenn sie jedes Objekt in Ruhe und mit allen Mitteln und Informationen, die ihnen zur Verfügung standen, einer ordentlichen Analyse unterzogen hätten, dann bewegen sich die Einschätzungen zwischen 5 und höchstens 20%. Diese geringe Zahl lässt darauf schließen, dass hier eine große Effienz-Kluft („Gap") herrscht und automatisierte Systeme mit programmatischer Selektion eine vielfach höhere Budgeteffizienz erzielen könnten.

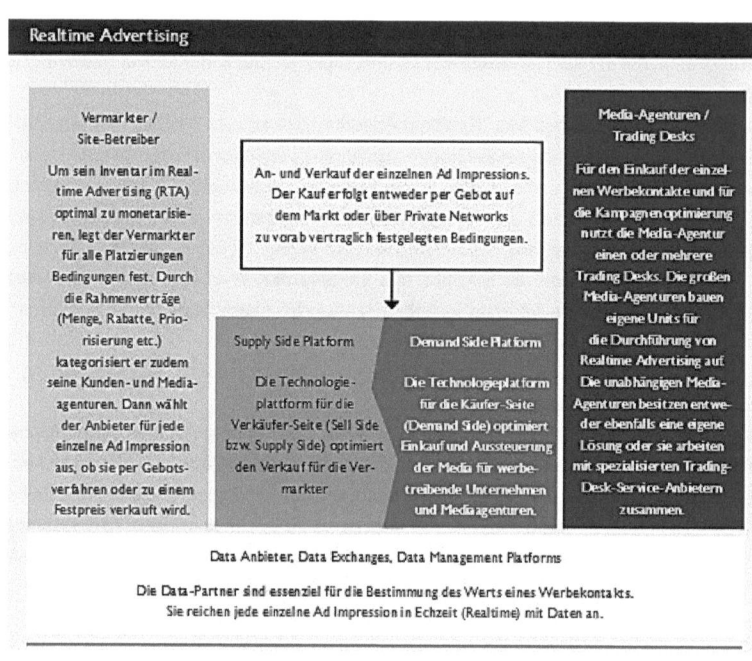

Realtime Advertising

Vermarkter / Site-Betreiber			Media-Agenturen / Trading Desks
Um sein Inventar im Realtime Advertising (RTA) optimal zu monetarisieren, legt der Vermarkter für alle Platzierungen Bedingungen fest. Durch die Rahmenverträge (Menge, Rabatte, Priorisierung etc.) kategorisiert er zudem seine Kunden- und Media-agenturen. Dann wählt der Anbieter für jede einzelne Ad Impression aus, ob sie per Gebotsverfahren oder zu einem Festpreis verkauft wird.	An- und Verkauf der einzelnen Ad Impressions. Der Kauf erfolgt entweder per Gebot auf dem Markt oder über Private Networks zu vorab vertraglich festgelegten Bedingungen.		Für den Einkauf der einzelnen Werbekontakte und für die Kampagnenoptimierung nutzt die Media-Agentur einen oder mehrere Trading Desks. Die großen Media-Agenturen bauen eigene Units für die Durchführung von Realtime Advertising auf Die unabhängigen Media-Agenturen besitzen entweder ebenfalls eine eigene Lösung oder sie arbeiten mit spezialisierten Trading-Desk-Service-Anbietern zusammen.
	Supply Side Platform Die Technologieplattform für die Verkäufer-Seite (Sell Side bzw. Supply Side) optimiert den Verkauf für die Vermarkter	Demand Side Platform Die Technologieplattform für die Käufer-Seite (Demand Side) optimiert Einkauf und Aussteuerung der Media für werbetreibende Unternehmen und Mediaagenturen.	

Data Anbieter, Data Exchanges, Data Management Platforms

Die Data-Partner sind essenziel für die Bestimmung des Werts eines Werbekontakts.
Sie reichen jede einzelne Ad Impression in Echtzeit (Realtime) mit Daten an.

Abbildung 21: Globales Schema von RTB [30]

Ein Selbstläufer ist RTB mit seiner automatisierten Abwicklung einzelner Werbekontakte in Echtzeit aber dennoch nicht. Die entscheidenden Erfolgsfaktoren für den zukünftigen Verlauf der RTB-Entwicklung kann man aus den bisherigen Kritikpunkten ablesen [31]:

- Inventarqualität
- „Brand Safety"
- Effizienz

Gerade die „Brand Safety" wurde im eingangs erwähnten Beispiel angesprochen, als A1 bei seiner RTB-Kampagne nicht mehr das Gefühl hatte, korrekt vertreten zu sein, da es seine Werbebanner auf völlig abweichenden und unpassenden Webseiten wieder fand. Solange die „Brand Safety" nicht garantiert ist, werden auch große Player mit hohem Risiko eines Image-Schadens einen Bogen um große Investitionen in Real Time Advertising machen, da hier die Folgen oft nicht abschätzbar sind.

Besonders stark trifft es jene Kampagnen, die auf tausenden, manchmal hunderttausenden Webseiten ausgeliefert, und oft blind oder semi-blind (automatisiert, nach Kategorien ausgesucht) gebucht werden. Dies betrifft dann vor allem den Performance-Bereich von RTB (günstigste Werbeschaltungen mit größter Effizienz und Zielgruppengenauigkeit), wo Werbetreibende unmöglich selbst überprüfen können, ob die Werbeschaltungen ausschließlich in gebuchten Feldern und Kategorien ausgeliefert werden. Hier könnte man Qualitätszertifikate aufstellen. Dies ist ähnlich bei den „Certificate Authorities", die es bei der asymmetrischen Verschlüsselung (näheres zur asymmetrischen Kryptographie im Buch von Albrecht Beutelspacher [32]) als Teil einer Public-Key-Infrastructure (PKI) gibt. Somit kann die Qualität und die Vertrauenswürdigkeit der angesteuerten Websites oder Netzwerke geprüft werden.

Eine andere Möglichkeit wäre die im „Web-of-Trust"-Konzept genannte Möglichkeit der gegenseitigen Zertifizierung, welche jedoch aufgrund der Gefahr der Manipulation von Zertifikaten ebenfalls nicht ganz unkritisch zu sehen ist.

Im Moment behilft man sich hier mit einer primitiveren und nur reaktiven Methode, da man wie bei Internet-Firewalls Websites, die ungeeignet für bestimmte Kategorien sind, auf eine Blacklist setzt oder umgekehrt zugelassene auf eine Whitelist, wovon die Whitelist zweifelsohne die sicherere Variante ist. Auf eine Whiteliste kommen nur jene Adressen, die auf einen Rechner zugreifen dürfen, bei einer Blacklist werden nur jene aufgeführt, die nicht auf den Rechner zugreifen dürfen.

Die Blacklisting-Methoden haben den Nachteil, dass die Zahl potenzieller Angreifer, unsicherer Webseiten und Server viel größer und viel weniger abschätzbar ist als jene der bereits bekannten, verlässlichen Partner. Das Blacklisting, das bisher bei den Agenturen und Dienstleistern dominiert, hat genau jenen Nachteil: Es greift meist erst nach einem aufgetretenen Schaden. Ausdiesem Grund fällt es den Akteuren, ob Geschädigter oder Beobachter, oft schwer, danach noch Vertrauen in die neue Werbemethode RTB zu setzen. Besonders in die internationalen Märkte mit Ausnahme der USA herrscht von den nationalen Dienstleistern und Agenturen wenig Vertrauen und man konzentriert sich lieber auf Publisher und Ad Networks in West- und Mitteleuropa. Je größer der Markt, umso wichtiger wird es, den User wiederzuerkennen, der eine Ad Impression wahrnimmt, damit man genau abgestimmt auf sein Profil ein passendes Werbemittel zeigt.

9. Der Cookie-Abgleich mit Google: der Grund, warum RTB funktioniert

Viele österreichische Agenturen, DSP-Provider und technische Dienstleister meiden *Google*, um einerseits nicht die Kontrolle über eigene Kunden und eigene Kampagnen abzugeben, und andererseits nicht den Durchblick zu verlieren, was Margen und Kontaktpreise, Werbeflächenkosten usw. betrifft (Quelle: Interview mit Herbert Pratter, Dentsu-Aegis-Austria). Wo man allerdings *Google* nicht ausweichen kann, ist beim „Cookie-Abgleichdienst", der einen User innerhalb der Domain des Advertisers identifiziert.

Von *DoubleClick* gibt es weiters noch das doublecklick.net-Cookie, das den User für *Google* identifiziert. Dem Advertiser/Käufer wird diese ID zum Abgleich als käuferspezifische, verschlüsselte *Google*-Nutzer-ID mitgeteilt.

Es gibt also ein Cookie, das den Nutzer innerhalb einer Käufer-Domain (z.B. *amazon.de*) identifiziert und dann noch das doubleclick.net-Cookie, das den Nutzer für *Google* identifiziert.

Wenn der betreffende User dann Seiten aufruft, die im Werbeflächen-Inventar sind, kann der Advertiser auf exakt diesen User mit seiner userspezifischen Google-ID bieten und ihm auf seinen Werbeflächen ein genau zu ihm passendes Werbemittel schalten.

Dies bedeutet konkret einfach, dass sich hiermit der Schnitt aus zwei unterschiedlichen Usermengen bilden lässt. Aus jener Usermenge des werbungsführenden Online-Verkaufsportals (Publisher) und aus jener, die über Google-Cookies identifiziert werden. Der User wird also somit im Mikro- (werbungsführendes Online-Portal) und im Makro-Bereich (Google-eigene Domains) des Online-Marketings „sichtbar" und zudem kann er bei Übertritt dieser Bereiche wieder identifiziert werden. Dies war mit den bisherigen Mitteln und ohne Google-Cookie-Abgleich nicht möglich.

Die Tabellen, welche die Paare der Cookies aus der Sicht des Verkaufsportals und von Google beinhalten, nennen sich „Match-Tables".

In einer Match-Table hostet *Google* wie auf Google-Developer-Seiten[33] beschrieben die passenden Cookie-Informationen und durch die Kopplung mit einer RTB-Anwendung können diese sogleich auf der Real-Time-Bidding-Plattform verarbeitet werden.

Um eine Zuordnung in der Match-Table zu erzielen, muss der Advertiser ein von *Google* bereitgestelltes Tag, das sogenannte „Match-Tag" (Übereinstimmungs-Tag) verwenden. Dieser „Tag" ist ein kleines, für das Auge unsichtbares Pixel, welches den Advertiser, den Käufer dieser Werbefläche ausgibt, markiert.

Dieser Tag sollte vom Käufer nur verwendet werden, wenn er den User noch nicht „kennt", also noch keine Übereinstimmung in seiner eigenen User-Table für ihn hat.

Mit dem Pixel wird also im Normalfall tatsächlich ein neuer Nutzer markiert und bei Google werden dann die vorhandenen Infos zu diesem Nutzer abgefragt. Dies erledigt der Browser des Nutzers, der diesen „Tag" von *Google* anfordert.

Nach Erhalt der Anforderung durch den Browser gibt *Google* ein „Redirect" mit HTTP Status Code 302 aus, welches eine zusätzliche URL im Location Header Field bereitstellt (zu finden in HTTP/1.0 Specification in RFC 1945).

Hier steht die angeforderte Ressource kurzzeitig unter der im „Location"-Header-Feld angegebenen Adresse bereit, während die alte Adresse gültig bleibt. „Redirect" mit Status Code 302 ist sicherheitstechnisch durch das sogenannte „URL-Hijacking", ein Fehler bei Suchmaschinen, in die Kritik geraten [34].

- *URL-Hijacking: Ein Fehler, der auftreten kann, wenn eine temporäre Weiterleitung einer URL (HTTP Status Code 302 Redirect - also ein vorübergehender Adresswechsel) gesetzt wird. Dies wird dann zum Problem, wenn beide URLs normalerweise nichts miteinander zu tun haben. Wird eine Webseite nicht direkt verlinkt (mittels <a> Tag), sondern über eine temporäre Weiterleitung mit Status Code 302, so kann das dazu führen, dass in den Suchergebnissen die Seite mit der Weiterleitung die Zielseite ersetzt [35]. So fallen viele Seiten aus dem Such-Ranking aus, da besonders bei hohem PageRank (=Relevanz-Reihung) der Redirect anstatt der originalen, verlinkten Webseite gelistet wird.*

Dieses HTTP 302 Redirect an den Käufer/Advertiser liefert also nun die gewünschten Informationen– diese umfassen *Google* Nutzer-ID, eine Versionsnummer in der URL, sowie das Käufer-Cookie in den Anforderungskopfzeilen.

Daraufhin stellt der Käufer, oder Advertiser, die URL für die Match-Table bereit und Google leitet die mit dem Parameter „google_id" übergebene Google Nutzer-ID an den Advertiser weiter.

Daraufhin muss der Käufer ein unsichtbares 1x1-Pixel an den Browser des Nutzers übermitteln, welches der Markierung dient. Es besagt, dass dieser User „getagged" wurde – also in das Match-Table aufgenommen wurde. Die Match-Table wird so oft erweitert, wie Match-Tags an einzelne User gesendet werden.

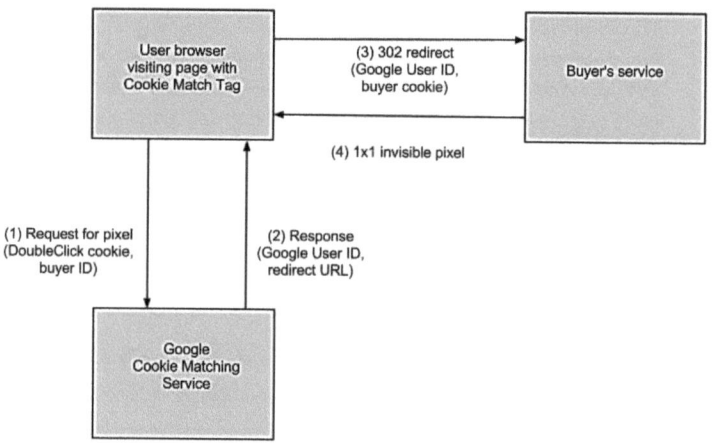

Abbildung 22: Cookie-Abgleich durch *Google* [36]

Dies bedeutet, dass die DSPs dadurch befähigt werden (über den Abgleich ihres eigenen Käufer-Cookies mit den Nutzerinformationen des Google-Cookies des Users, siehe Abb. 22), ein Userprofil zu erstellen und zu entscheiden, welche Werbung dem User gezeigt werden soll (und ob dieser überhaupt „eingekauft" werden soll).

Der springende Punkt hierbei für *Google* ist, dass seine Kunden (die Advertiser) stets und meist unfreiwillig dabei behilflich sind, die Google-eigenen Cookies, die zu *DoubleClick.net* gehören, zu vervollständigen und damit Googles Marktdominanz noch mehr festigen. Die weltweit tätigen Akteure wie Dienstleister und Agenturen helfen Google immer häufiger, die eigenen User-Match-Tables zu vervollständigen und die Kenntnisse über die Internetuser wie ein Monopol mit Alleinstellungsmerkmal „User-Profile" auszunutzen. Laut den Anbietern selbst (zitiere indirekt Richard Tuschkany und Herbert Pratter) behält auch *Google* vieles an Nutzerdaten für sich und gibt diese nicht heraus, um seine Vorreiterrolle nicht zu verlieren.

Es ist klar, dass ohne *Google* kein Real-Time-Bidding im weltumspannenden Sinne funktioniert, da kein Targeting ohne zusätzliche Profildaten mit hohem Informationsgehalt durchgeführt werden kann. Jeder User wäre ohne den Cookie-Abgleich mit Google für die Anbieter und Käufer von Werbeflächen nur in dem Maße wertvoll, indem er sich auf den Seiten der Publisher-Domain bewegt (sodass die SSP ihn innerhalb einer Kampagne oder durch Abgleich mit einem „Data Broker" wiederkennt). Im Falle der DSP-Seite wäre er wertvoll, wenn er innerhalb eines Kampagnenzeitraums „getracked" wird und aus diesem Zeitraum auf User-Attribute geschlossen werden kann. Die DSP-Seite kann zudem auch auf DMPs zurückgreifen (siehe Kapitel 3.1.6), die ihr wertvolle User-Profil-Informationen zu Usern liefern können. Der Knackpunkt des eigenen User-„Trackings" liegt jedoch in der oft nicht repräsentativen Zeitdauer für eine Userprofil-Erstellung.

Die Cookies von DSP-Anbietern und Dienstleistern sind nämlich zeitlich begrenzt (oft 30 Tage) und können keine längere „User Journey" (Reise des Users durch das Web) aufnehmen, die aber für eine Kampagne von Belang wäre. Zudem werden Cookies nur innerhalb der eigenen Kampagnen, also ausgewählter Domains vergeben, und zeichnen damit nur einen kleinen Ausschnitt der Surfgewohnheiten des Users auf.
Google-Cookies hingegen haben immer noch eine „Lifetime" von 2 Jahren, bis vor kurzem waren sie gar noch bis ins Jahr 2038 gültig [37]. Dies bedeutet, dass auf *Google*-Webseiten bzw. auf Seiten wo sich Google-Cookies befinden, diese automatisch erneuert werden, solang der User innerhalb von 2 Jahren die Seite wieder besucht. Wenn dieser Zeitraum länger als 2 Jahre ist, muss er seine persönlichen Einstellungen völlig neu definieren

Begriffsdefinitionen:
- *HTTP-Cookie (aktuellste Standardisierung in RFC 6265): kurte Textinformation, die die besuchte Webseite (Server) über den Browser im Rechner des Betrachters (Client) abspeichert. Entweder wird das Cookie direkt vom Webserver im HTTP-Header an den Browser gesendet, oder von einem Skript (z.B. JavaScript) in der Webseite produziert. Bei jedem neuen Besuch derselben Webseite sendet der Client nun die Cookie-Information mit jeder Anforderung wieder an den Server.*
- *Sichererer Einsatz von Cookies: Cookies enthalten das sogenannte „Secure-Flag", das angibt, ob ein Cookie nur über gesicherte HTTPS-Verbindungen oder auch über ungesicherte HTTP-Verbindungen verbreitet werden darf. Wenn dieses gesetzt ist, bekommt ein Angreifer das Sessioncookie einer HTTPS-Sitzung nie zu sehen, wenn er die ungeschützte HTTP-Verbindung ausspäht, da dieses über HTTP nicht übertragen wird. Nachteil: über HTTP wird der User nun von der Webanwendung wegen des fehlenden Cookies nicht mehr erkannt [38]*

Das Prekäre ist aber, dass *Google*, wenn man als User seine Cookies nicht löscht (und Seiten wie *Youtube, Facebook* & Co. verwenden verpflichtend Cookies und man muss sie sogar auf der Landing Page bestätigen) und wie besagt zwei Jahre lang alle Daten des Users in dem Cookie behält. Dass die Cookie-Lifetime bis zum Jahr 2007 30-40 Jahre war, mutet eigentlich in Zeiten des voranschreitenden Datenschutzes seltsam an. Genauso werden Suchprotokolle derzeit noch 18 Monate im Speicher von *Google* behalten und es wird nach 9 Monate ein Teil der IP entfernt. Die Daten werden dann anonymisiert, jedoch nicht gelöscht. Dies diene laut *Google* zur Erhöhung der Treffsicherheit der Engine und zum angeblichen Schutz „gegen Angriffe etwa von Hackern" [39]. Datenschützer kritisieren freilich die anhaltende Speicherung der Suchprotokolle, da darin sehr sensible Daten enthalten sein können, welche bei Diebstahl, Verkauf oder simplem Verlust durch technisches Gebrechen in starkem Maße das Persönlichkeitsrecht verletzen können und eine Person, sowie auch Unternehmen und Institutionen schädigen können. Vorstellbar als Bedrohungsszenario wäre der Verkauf oder die Weitergabe von sensiblen Daten wie Suche nach Medikamenten, Krankheiten, oder Gebrechen an Pharmafirmen, Krankenkassen usw., wie es im österreichischen Gesundheitssystem schon durch 350 Ärzte passiert ist, die zwar anonymisiert, aber dennoch Medikamentenverschreibungen an das Unternehmen *IMS Health* (USA) verkauften. Genauso lieferten etwa 280 Apotheken gegen Honorar direkt Verkaufsdaten an *IMS Health*, ohne Namen der Patienten zwar, aber „mit Standort der Apotheke,[…], was in dünn besiedelten Regionen Rückschlüsse auf die Verschreibepraxis der ansässigen Ärzte zulasse" [40]. Ein anderes Szenario: Weitergabe von Suchdaten über Erkrankungen, Burn-Out, Kinderwunsch, Versetzungswunsch, Berufsänderungsambition, Kündigungsabsicht uvm. an große Arbeitgeber, die somit ein genaues Szenario über den Gesundheitsstatus, die Familienplanung und mögliche Kündigungsabsichten eines Arbeitnehmers zeichnen können. Noch tiefer ins Detail gehen dann Informationen über sexuelle Vorlieben und andere sehr persönliche Attribute, die zum Persönlichkeitsrecht eines jeden Menschen und nicht in fremde Hände gehören.

Ähnliches passierte bereits 2006 bei *AOL*, als 20 Mio. Suchanfragen von 650.000 Usern für die Forschung veröffentlicht wurden. Kein Datensatz war unmittelbar personenbezogen und auch die Suchanfragen waren anonymisiert, aber schnell konnten dennoch zusammengehörende Datensätze zu Identitäten rekonstruiert werden und es wurden Persönlichkeitsprofile offenbar. Dies gelang, weil alle Suchanfragen öffentlich gemacht wurden, und nun Zusammenhänge hergestellt werden konnten. So konnte über Muster von Suchverläufen auf einzelne User geschlossen werden.

Eine gute anonymisierte Alternative zu *Google* oder *AOL* ist zum Beispiel „www.ixquick.com", das keine IP-Adressen oder Suchangaben protokolliert. Die Suchmaschine ist überraschend schnell, leistungsfähig und hat eine sehr fortschrittliche Technologie für die Metasuche, da sie viele bekannte Suchmaschinen gleichzeitig anonym als „Agent" durchsucht.

10. Use Cases: RTB Supreme – Creative Retargeting

Der Abgleich mit den Google-Cookie-Match-Tables führt aktuell auch dazu, dass User durch das durch das Cookie möglich gemachte Tracking auf ihrer täglichen „Reise durch das Web" mit personalisierter Werbung konfrontiert werden.

„Retargeting" heißt ein beständiger Leitgedanke seit es Real-Time-Bidding gibt. Es wird auch Remarketing genannt, da es - wie der Name schon sagt - darum geht, verloren gegangene Marktsegmente wieder zu erreichen, und User in kontinuierlicher Weise auf ihrer User Journey durch das Web (mit Werbung) zu begleiten. Es werden hier Werbeschaltungen für Nutzer gekauft, die bereits auf der Seite des Advertisers waren, jedoch nichts gekauft und so als Kunde verloren gingen. Die Grundidee ist, dass schon einmal interessierte User leichter zu einem Abschluss zu bringen sind als Nutzer, die noch nicht auf ein Produkt aufmerksam gemacht wurden. Das beste und aktuellste Beispiel hierfür ist Zalando (siehe Abb. 23). Sobald man auf Zalando surft, wird ein Cookie zum Tracking und anschließend der User über RTB-gehandeltes Werbeplatzinventar per Retargeting auf seiner Reise durch das Netz wiedergefunden. Im Anschluss bekommt er ein auf ihn zugeschnittenes Werbebanner angezeigt, wenn er auf eine Seite kommt, die mit RTB handelt.

Quelle: zalando.de

Abbildung 23: Zalando - Retargeting Banner

Im gesetzten Fall hatte sich der User den dritten Schuh von links (*Adidas*) angeschaut – Zalando setzt hier direkt mit ausschließlich eigenen Daten an und versucht den User zum Abschluss zu bewegen. Naheliegend ist, dass bei zu häufiger Einblendung die Werbung negativ einwirkt und Ablehnung hervorruft: So wird z.B. auch gesteuert, wie oft ein User eine Werbung angezeigt bekommt (etwa 7-12 Mal pro Monat) und ob man ihn von den Werbeeinblendungen ausnimmt, wenn er tatsächlich einen Kauf getätigt hat. Es werden auch die Werbemittel konstant ausgetauscht, um die Werbung nicht monoton erscheinen zu lassen.

11. Gestaltung einer RTB-Kampagne über den Self-Service Anbieter „Revcloud"

Revcloud ist als Trading-Desk mit einer RTB-Software auf der DSP-Seite tätig. Das Unternehmen ist eine Tochter der *Redvertisment Gruppe*, welche einer der größten Anbieter für Display-Performance-Anzeigen ist und wurde 2006 aktiv.

Das Unternehmen arbeitet mittels sozio-demographischer Daten, eigener Technologie und fokussiert sich auf gezieltes User-Targeting. Vorzüge sind:

- Zusammenschaltung fast aller erreichbaren Auktions-Plattformen, Vermarkter, Ad Exchanges
- *Revcloud* konzentriert sich auf den mittel- und westeuropäischen Markt und ist darin erfolgreich

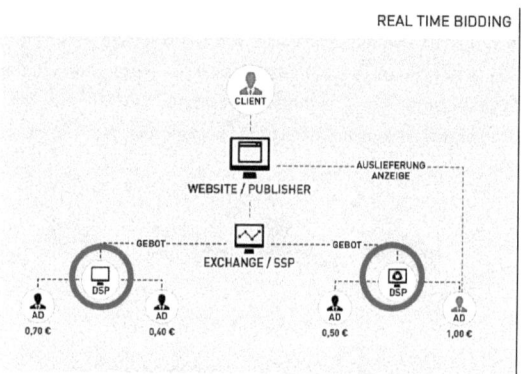

Abbildung 24: Schema des Ablaufes bei *Revcloud* [41]

Revcloud positioniert sich hier direkt als Demand-Side-Plattform wie in Abb. 24 bei der Auslieferung der Ad an den ausgewählten User und aggregiert die Nachfrage und Gebote an die Werbeplattformen, von denen dann die Werbemittel auf den entsprechenden Flächen ausgeliefert werden.

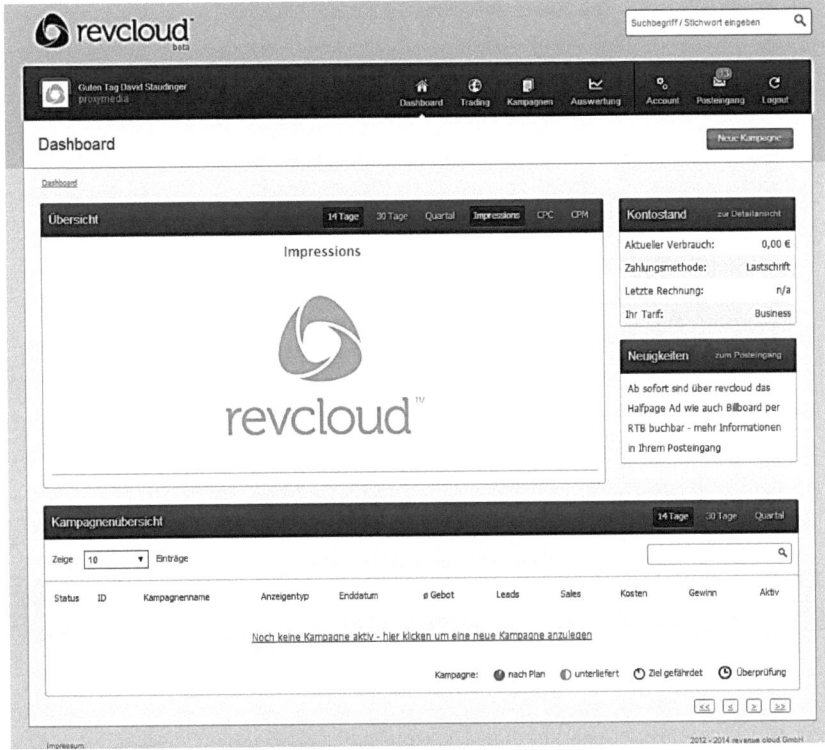

Abbildung 25: Dashboard von *Revcloud* [42]

Nach der Registrierung mit Personaldaten und Zahlungsmodalitäten kommt man auf den Einstiegsscreen (Abb. 25), auf dem der eigene User- und im Falle eines Unternehmens der Firmenname vermerkt ist und es eine Übersicht über die Funktionalitäten von *Revcloud* gibt.

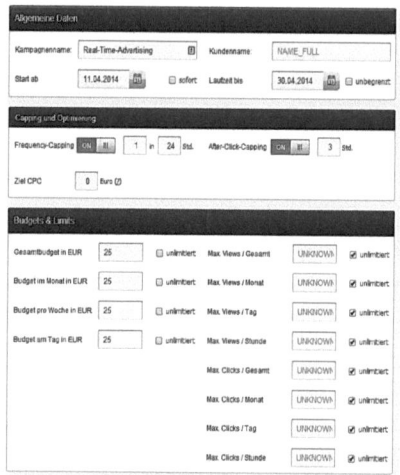

Abbildung 26: Seite 2 der Kampagnenplanung von *Revcloud* [42]

Abbildung 27: Menüfunktionen bei *Revcloud* [42]

Die wichtigsten Funktionen, die das Interface bietet, sind zum einen das Dashboard, auf dem der Verlauf der aktuellen Kampagne abgebildet wird inklusive Kennzahlen wie CPC Cost Per Click), oder CPM (Cost Per Mille) Kontostand, Neuigkeiten und der Kampagnenübersicht über verschiedene Kampagnen – in Abb. 27.

Im Bereich Trading kann man mittels Site Bibliotheken und Audience Bibliotheken persönliche White- und Blacklists erstellen und diese speichern. Konkret können beispielsweise User während einer Kampagne mit einem Pixel gekennzeichnet (siehe Kapitel 9: User-Tags) und in eine zugehörige Liste gespeichert werden. Später können genau diese User mit einer neuen Display-Kampagne, je nach Listenzugehörigkeit, wieder angesprochen werden.

Site Bibliotheken sind nach ähnlichem Schema Favoritenlisten von nach bestimmten Mustern ausgewählten Seiten, die man als Advertising-Kunde gerne im Repertoire hat.

Wenn man den Schritt nun vollziehen und eine neue Kampagne anlegen möchte, dann kommt als erster Punkt in der Reihenfolge die Auswahl des Inventars, d.h. die Auswahl der Werbeflächen.

Beim Geo-Targeting wird für diese Kampagne das Land Österreich ausgewählt – hier könnte man noch nach Bundesländern unterscheiden.
Des Weiteren gibt es noch zur Auswahl: Browsersprachen, Betriebssystem, Browser, Domains, Internet-Anbindung.

Interessant wird die Auswahl bei den Channels: Hier soll ein Kanal gewählt werden, der möglichst Internetwerbungs- und technikaffine User anspricht. Das Werbesujet sei eine Werbung des Autors für seine Masterthesis, veröffentlicht als E-Paper.

Die Channels, die ausgewählt wurden, sind: Ad Network, Männer, Bildung & Wissen, Business, Elektro & Computer, Wirtschaft, Telekommunikation.
Bei den Ad Networks sind schon neun voreingestellt, vier sind zusätzlich nach Vereinbarung möglich.

Nach den aufgeführten Targetingkriterien werden nun etwa Inventare von knapp 3 Mio. Views / Monat angezeigt, was hier 579 Webseiten entspricht. Diese Auflistung dient nur mehr zur Absicherung, man könnte hier aber noch die eine oder andere Website aus dem Inventar entfernen.

Auf Seite 2 der Kampagnenplanung, siehe Abb. 26 der Vorseite, kann man nun folgende Parameter einstellen:
- Kampagnenname, Kundenname
- Laufzeit
- „Frequency-Capping": wird benutzt, um nicht mehrmals dieselbe Ad Impression auf denselben User auszuspielen, innerhalb einer definierten Zeitdauer
- „After-Click-Capping": beschränkt zusätzlich die Intervalle der Auslieferung auf 3 Stunden pro User

Beim Abschnitt „Budgets & Limits" können jedes zeitlich definierte Budget und alle möglichen Werte von Views / Zeiteinheit bis Clicks / Zeiteinheit eingestellt werden.

Im Schritt 3 von 5 kann man ein Zeit-Targeting einstellen, das das Werbemittel nur in bestimmten Zeiträumen während der Wochen ausliefert.
Als weiterer Zusatz gibt es das sogenannte „CPO-Tracking" („Cost Per Order"), welches den User mit einem Tracking-Pixel versieht, damit man nach der Kampagne erkennen kann, ob eine Ad Impression zu einem Kauf geführt hat. Nach diesem Abrechnungsverfahren wird

dann für die Reaktionen auf eine Werbung bezahlt. Die „CPO" setzt sich aus Gesamtkosten der Kampagne dividiert durch Anzahl der Reaktionen zusammen. Eine Reaktion kann beispielsweise eine Bestellung oder ein abgeschlossenes Abonnement sein.

Mit den Parametern „Post-Click" oder „Post-View" kann man einstellen, ob ein User erst nach einem Klick markiert wird oder bereits mit einem View. Weiters lässt sich die Cookie-Laufzeit nach Tagen einstellen.

Zu beachten ist aber, dass hier nur Targeting über die Laufzeit der Kampagne angewendet wird. Zugekaufte Daten sind bei *Revcloud* eher Mangelware, sodass der Anbieter hier keine globale Sicht über die Internetuser hat und nur innerhalb der Kampagne beurteilen kann, ob jemand beispielsweise 2-3 Mal Schuhe gekauft oder gesucht hat. Das heißt aber nicht zwingend, dass er über das ganze Jahr gerechnet gerne Schuhe kauft.

Über den Reiter „Einnahmenberechnung" kann die Art der Gewinnberechnung eingestellt werden – entweder CPM oder „CPC" („Cost Per Click"), also Kosten für tausend Views oder Kosten für einen Klick. Je nach Kampagne kann das durchaus Unterschiede machen.

Als letzte Möglichkeit steht wieder der Verweis auf die Audience-Listen – hier wurden für diese Kampagne keine definitiven Listen angelegt, was sich auch generell nicht empfiehlt, wenn man am Anfang des Prozesses und des Verständnisses ist.

Im vierten Schritt wird das Werbemittel ausgewählt: Im Beispielfall ist das ein 120x600-Skyscraper-Format in 4-Color. Die Limitierung auf Clicks oder Views pro Zeiteinheit lassen wir auch hier aus, nur das Frequency Capping wird mit 24h eingeschaltet.

Am Ende des Prozesses wird nun die Zusammenfassung ausgewiesen, die noch einmal zur Kontrolle alle Parameter wiedergibt.

Zum Schluss wird noch der Hinweis gezeigt, dass die Kampagne direkt nach Prüfung online geht und es wird das CPO-Track-Pixel deponiert, das man in die eigene Website integrieren sollte, um das Tracking zu aktivieren. Dieser Pixel beinhaltet einen Link, der für das Tracking benutzt wird.

Dies ist im vorgegebenen Fall nicht notwendig, da auch keine Website besteht, sondern nur ein Werbemittel ausgespielt wird.

Verfügbare Inventare gab es etwa 34 Mio., erreicht werden können etwa 3 Mio. Zielpersonen, was einer Gesamtreichweite von etwa 9 Prozent entspricht.

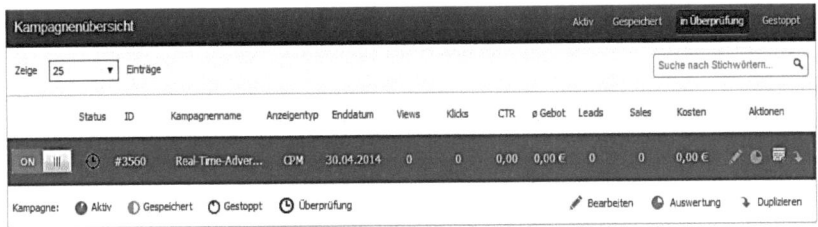

Abbildung 28: Kampagnenübersicht bei *Revcloud* [42]

Mit einem Klick lässt sich die Kampagne deaktivieren – die Übersicht beinhaltet ihre ID, den Anzeigentyp (CPM) und die aktuellen Views, Clicks und die Click-Through-Rate (CTR), siehe Abb. 28.
Diese bezeichnet die Anzahl der Klicks auf Werbemittel im Verhältnis zu den gesamten Impressionen – wenn eine Werbung hundertmal angezeigt und nur einmal angeklickt wird, ist die CTR 1%.

Bei klassischer Werbung bewegt sich die Click-Through-Rate im Promillebereich und es kommen etwa auf 1000 Anzeigen nur 1-2 Klicks. Mit demselben Werbemittel lassen sich bei guter Abstimmung von Werbung und Anzeigenumfeld auch Raten von 1-3 Prozent erreichen.

11.1. Analyse-Tools/Reporting

Am zweiten Tag der Schaltung (siehe Abb.29) hatte das Werbemittel bereits 18.840 Views erreicht (zum Zeitpunkt 18:34 Uhr) – diese werden Ad Impressions oder auch Ad Views genannt.

Abbildung 29: Kampagnenstand am 2. Tag [42]

9 Personen hatten daraus die Ad Impression wahrgenommen, also entspricht 9/18840 etwa 0,05% Click Rate.
Dies ist grundsätzlich kein schlechter Wert, aber wäre dennoch ein Motiv, das Werbemittel noch besser zu gestalten oder die Platzierung und die Channel-Auswahl noch zu optimieren.
Als Verrechnungsbasis wurde hier der Tausenderkontaktpreis (Cost Per Mille) ausgewählt, welcher hier 0,33 € ist. Dieser ergibt sich aus 18,840/6,25 – also aus den durch Tausend dividierten Views dividiert durch aktuelle Kampagnenkosten.

Das Werbemittel sollte ursprünglich ein Banner in der Größe von etwa 450x600 werden, was sich aber mit den Standard-Vorgaben bei *Revcloud* nicht realisieren ließ. Daher wurde das Banner auf 300x250 reduziert und sah schlussendlich folgendermaßen aus (Abb. 30):

Abbildung 30: Werbemittel, das als Banner auf Websites gezeigt wird [42]

Nach Klick auf das Banner gelangt man auf eine Kurzpräsentation über das Thema Real-Time-Advertising in PDF-Form, welche den Verweis auf das als E-Paper erscheinende Handbuch zum Thema enthält.

Grundsätzlich ist beim Erstellen einer Kampagne immer davon auszugehen, dass Dashboard-Anbieter wie *Revcloud* eine Provision von etwa 30% einbehalten und diese im Kampagnenbudget noch nicht enthalten ist. Daher ist insbesondere bei höheren Kampagnenbudgets diese Provisionsgrenze im Hinterkopf zu behalten, damit der erste Kontakt mit Real-Time-Bidding nicht zur negativen Überraschung wird.

Im Demo-Beispiel einer Kampagne wurde auf eine Datei im Public-Ordner eines Dropbox-Ordners referenziert, was von einigen wenigen Vermarktern offenbar nicht unterstützt wird. Da aber für Privatpersonen teils die Möglichkeiten für umgehend zugänglichen und kostenlosen Webspace fehlen, ist diese Einschränkung für kleinere und Einzelunternehmen nachteilig.

12. Technische Grundlagen zum Datentransfer und zur Data Security bei RTB

Die Übertragung der Auktionsdaten erfolgt bei OpenRTB, dem Projekt einer offenen Programmierschnittstelle/einer Spezifikation, sowie auch im Regelfall bei allen anderen RTB-Lösungen über HTTP. Secure Socket Layer (SSL) als sichereres Protokoll wird bei

OpenRTB nicht verwendet, da es zu einer zu hohen Serverlast führt und die Übertragung zwischen RTB-Client und RTB-Server durchwegs ein Server-to-Server-Call ist. Dies klingt paradox, bedeutet aber nur, dass OpenRTB die Kommunikation zwischen DSP und SSP standardisiert wird und diese Akteure stellen keine Clients dar, sondern autonome Server.

TLS 1.0 basiert auf SSL 3.0, ist aber nicht identisch (siehe RFC 2246) – die beiden Protokolle sind sich jedoch sehr ähnlich.

HTTPS wird vor allem bei Zahlungsverkehr und Auktionen eingesetzt oder wenn ganz allgemein vertrauliche Daten und Identitätsinformationen ausgetauscht werden.
So kommt HTTPS u.a. bei *Ebay, Amazon, Sourceforge,* oder grundsätzlich bei praktisch jeder Online-Banking-Seite zum Tragen. Bei *Gmx* kann der User beispielsweise auch mit dem Voranstellen von „HTTPS://" vor der URL eine Verschlüsselung bewirken, was auch öfters über einen Link „Sicheres Login" möglich ist.

Der Vorteil von Verschlüsselung - wie mit dem TLS-Protokoll (hier gibt es viele Verschlüsselungsverfahren, von RSA bis AES und mehr) - ist die Plattformunabhängigkeit, da es sich quasi zwischen TCP und die Protokolle der Anwendungs- und Darstellungsschicht schiebt [43] – dies ist in RFC 2246 Abschnitt 1 definiert. Der Nachteil liegt allerdings in der Rechenintensivität des Verbindungsaufbaus auf Serverseite, wohingegen die Kryptographie nur noch wenig Rechenzeit verbraucht.
Weiters können die verschlüsselten Daten danach kaum noch stärker komprimiert werden, was aber bei dem datenmengenintensiven „Payload" (=Nutzlast), wie er bei RTB-Systemen vorkommt, nicht hingenommen werden kann. In RFC 3749 wird jedoch darauf hingewiesen, dass TLS bereits vor der Verschlüsselung eine Kompression vorsieht.

Von den großen Playern im RTB-Business wie der *DoubleClick Ad Exchange (AdX)* (siehe Developer-Empfehlungen in [44]), aber auch von den quelltextoffenen Varianten, wird seit längerem Traffic zumindest unterstützt, der mit SSL verschlüsselt ist. *Google* kann sich damit gefallen, als der größte Anbieter hardwareseitig am besten mit den gestiegenen Anforderungen durch SSL zurechtzukommen. Dies verlangt aber auch, dass Aufrufe durch Dritte (wie den Käufer, den Advertiser) ebenfalls SSL-basiert sein müssen, ansonsten erhält der Benutzer im Browser eine Warnmeldung, dass der Verbindungspartner SSL nicht unterstützt. Dies betrifft konkret auch die Nutzung von Self-Managed-DSPs wie dem DoubleClick BidManager. Hier muss zwischen dem Advertiser (oder der Agentur, die ihn vertritt), der die Werbeflächen über den DoubeClick BidManager kauft, und *Google* Übereinkunft herrschen, dass der Verbindungsaufbau zur Plattform und der Austausch von Daten via SSL geschehen.

Daher erfolgt bei *DoubleClick* schon im Vorfeld ein Check der Advertiser, ob diese SSL-kompatible Plattformen verwenden. Auf *Youtube* waren beispielsweise im Mai 2014 schon 35% des Inventars SSL-fähig [45], aktuell wächst der Prozentsatz weiter an.

12.1. Fragen der Authentifizierung beim Real-Time-Advertising

Beim OpenRTB [46] ist die aktuelle Norm, dass das Basic-HTTP-Authentication-Schema benutzt wird. Ein Benutzername und ein Passwort reichen hier für die Authentifizierung aus – diese werden in einem HTTP-Request verpackt. Wenn der Zugriff auf ein Verzeichnis beschränkt sein sollte, sendet der HTTP-Server die Response mit einem Header-Feld WWW-Authenticate (siehe RFC 7235) und dem Status-Code 401, der „nicht authorisiert" bedeutet.

Damit wird der Client zum Senden von Username und Passwort aufgefordert und diese werden in einem Fenster eingegeben – bei jedem erneuten Zugriff beim Surfen werden diese Daten vom Client erneut an den Server übermittelt.

Wenn die Login-Daten inkorrekt sein sollten, sollte die Authorisierung nach RFC 2616 nicht wiederholt werden. Es liegt ein Fehler vor, der im Verantwortungsbereich des Clients liegt.

Sind alle Versuche fehlgeschlagen, wird der Status-Code 403 („Forbidden") und ein Hinweis geschickt, der den User auf den fehlerhaften Zugriff hinweist.

Der Webserver Apache zählt bei HTTP Basic Authentication beispielsweise nicht mit, wie oft jemand das Passwort falsch eingegeben hat. Eine Lösungsmöglichkeit dafür wäre, das Log-File (=Ereignisprotokolldatei) in definierten Zeitintervallen zu untersuchen, und gegebenenfalls den Account zu sperren – andernfalls sind hier theoretisch unbegrenzt viele Authentifikationsversuche möglich, meistens per Skript gesteuert.

Die Basic-HTTP-Authentication ist sehr zweifelhaft in Fragen der Sicherheit: Die Login-Daten werden unverschlüsselt übertragen und können somit protokolliert und bei der Übertragung abgehört werden [47]. Sie werden zwar codiert, dies aber nur im technischen Sinne nach „Base64" (=Verfahren zur Codierung von 8-bit-Binärdaten), um sie zu universell anwendbaren ASCII-Zeichen (7-bit-Zeichenkodierung) zu machen, welche unabhängig von Zeichensatztabellen lesbar sind.

Ein Umweg wäre die Verschlüsselung mit SSL/TLS, wie es dann bei HTTPS der Fall ist, wo schon vor der Übermittlung des Passwortes eine verschlüsselte Verbindung aufgebaut wird. Hier wäre auch die Basic Authentication nicht abhörbar.

Bei der freien Software „openSSL" für Transport Layer Security gab es jedoch im März/April 2014 einen Zwischenfall: Es wurde ein Bug entdeckt, der ermöglichte, dass Teile des Arbeitsspeichers der Gegenseite ausgelesen werden konnten, wie z.B. „private Schlüssel von X.509-Zertifikaten, Benutzernamen und Passwörter" [48].

Besonders brisant war, dass dieser Bug, der als „Heartbleed" bekannt wurde, bereits seit der Version 1.0.1 von SSL vom 14. März 2012 existierte, und so ein sehr großes Zeitfenster entstand, in dem möglicherweise viele Userdaten u.ä. gestohlen werden konnten.

Große Unternehmen wie *Google*, Online-Banking-Webseiten, Dropbox, *Facebook, Tumblr* und Co. waren von „Heartbleed" betroffen und riefen umgehend zur Änderung des Passwortes auf.

Der Bug wurde mit 7. April 2014 behoben und openSSL kann seither [49] wieder als sicher erachtet werden. Das Vertrauen hat die Software jedoch bei Unternehmen mit hochsensiblen Daten verloren – nach dem Bekanntwerden des Bugs gab es dennoch Millionenspenden, um dem Projekt wieder auf die Sprünge zu helfen. Man hatte sich zu lange auf die billige und bequeme Lösung mit einer offenen „Transport-Layer-Security"-Software verlassen.

Da dies auch die Entwicklergruppe um OpenRTB sowie freie Entwickler und Designer, die den Standard implementieren, täglich negativ bemerken, gibt es immer wieder Vorschläge und Diskussionen um die Etablierung eines Verschlüsselungsstandards.

So schlug beispielsweise ein Mitarbeiter des *Rubicon Projects* vor, Digest Access Authentication (siehe RFC 2617) zu verwenden - eine Authentifizierungsmethode die mit der kryptographischen Hashfunktion MD5 angewendet wird. Vorausgesetzt, die verwendete Hashfunktion ist sicher, so nützt ein Abhören des Datenstroms einem Angreifer nichts, da sich aus der Hashfunktion nicht reversibel Zugangsdaten rekonstruieren lassen.
MD 5 gilt aber ebenso nicht mehr als sicher – es wurde als Nachfolger für Message Digest 4 im Jahr 1991 vorgestellt, jedoch veröffentlichten de Boer und Bosselaers bereits zwei Jahre danach einen Algorithmus zur Erzeugung von „Pseudokollisionen", der auf die Kompressionsfunktion MD5 zielte [50].
Es gab bis in die 2000er Jahre immer wieder Berichte über Kollisionen: Diese treten extrem selten auf, bergen aber für zwei völlig unterschiedliche Dokumente denselben Hashcode.

Begriffsdefinition:
- *Hashfunktion: ein „Hashcode" ist ein Wert einer Berechnung aus einem Eingangswert. Ein Hashwert hat immer die gleiche Länge (bei MD5-Funktion 128 bit), der Eingangswert ist dabei idealerweise aber wesentlich größer. Wenn meine Hashfunktion also „Quersumme" lauten sollte, und ich als Eingangswert z.B. „123" habe, dann rechnet meine Hashfunktion „1 + 2 + 3" ➔ der „Hashwert" ist 6. Umkehrungsversuch der Hashfunktion mit „6 = x + y + z" scheitert, da es keine weiteren Gleichungen gibt und 3 unbekannte Variablen existieren. Durch Probieren findet man heraus, dass die Lösung auch „1 + 1 + 4" sein kann, oder auch „3 + 3 +0". Es ist aber unmöglich, die tatsächlich verwendeten Variablen eindeutig zu rekonstruieren – so viel auch zum Sinn einer Hashfunktion und des daraus resultierenden Codes: das angestrebte unmögliche Rückschließen auf den Eingangswert der Funktion. So kann bei Übertragungen beispielsweise mühelos auf Integrität und Vollständigkeit einer Datei geschlossen werden, indem der Hashwert*

verglichen wird. Auch Passwörter können risikolos in einer Datenbank gespeichert und trotzdem beim Login aufgrund des Hashes verglichen werden.

Als die Personal Computer immer leistungsfähiger wurden, schaffte es eine chinesische Forschergruppe um Xiaoyun Wang 2004, Kollisionen systematisch zu erzeugen [51]. Wenn beide Nachrichten den gleichen Anfang hatten, konnte man in vertretbarer Zeit den identischen Hashcode für beide errechnen. Der Angriff wurde perfektioniert und ein aktueller PC kann daher innerhalb von Sekunden bis mehreren Minuten eine MD5-Kollision berechnen. Besonders aktuelle Grafik-Chips sind derart leistungsfähig, dass sie sich hervorragend zur Dechiffrierung und zum verteilten Rechnen eignen. Problematisch sind diese Kollisionen im Hinblick auf die Sicherheit von Zertifikaten im „Public-Key-Infrastructure"-System.

Begriffsdefinition:

- *Kollisionen bei Verschlüsselungsalgorithmen:*
  Kollisionen zu entdecken heißt zwei unterschiedliche Texte X und X' mit hash(X) = hash(X') zu finden.
  Kollisionen treten auf, wenn ein Angreifer zwei Dateien mit unterschiedlichem Content, aber gleichem Hashwert erstellen kann.
  Ein Angreifer kann also beispielsweise bei SSL zwei Zertifikate erzeugen, die den gleichen Hashwert haben. Der Sinn: eines davon ist das Original und harmlos, das andere eingeschleuste Zertifikat ebnet ihm den Weg und zertifiziert ihn.
  Das Problem ist, dass bei der digitalen Signatur in der Regel nicht die ganze Message, sondern nur deren Hashwert unterschrieben wird Deshalb besitzt der Angreifer nun auch die Unterschrift für das zweite (gleiche Hashcode) Zertifikat und kann nun gültige Zertifikate für beliebige Schlüssel erstellen [52].
  Dadurch ist die „Chain of Trust" on SSL gebrochen, weil sich ein Unauthorisierter in das hierarchische Netzwerk an Zertifikaten und Zertifizierten eingeklinkt hat und von ihm ausgehend wieder gefälschte Zertifikate ausgestellt werden.

12.2. Das Hypertext Transfer Protocol und sein Aufbau

Im OSI-Modell (siehe RFC 791) bewegt sich HTTP von Schicht 5 bis Schicht 7, ist also in der Sitzungs-, Darstellungs- und Anwendungsschicht aktiv.
Von Schicht 5 abwärts finden sich beispielsweise die Protokolle TCP und UDP, dann u.a. das IP- oder auch IPsec-Protokoll und schließlich gelangt man zum physischen Layer, welcher die Bitübertragungsschicht darstellt.

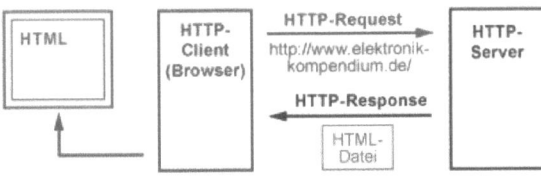

Abbildung 31: Kommunikation via HTTP [47]

Wie in Abb. 31 zu sehen ist, stellt der Client (Browser) eine Anfrage/Request an den HTTP-Server – dieser bearbeitet sie und sendet dann seine Antwort zurück. Nach diesem Schema funktioniert auch die Kommunikation beim Real-Time-Bidding, wie in Kapitel 12.2 näher erklärt wird.

Diese Anfragen werden dann gleichsam Bid-Request oder Ad-Request genannt. Die HTTP-Meldungen enthalten im sogenannten Header Steuerinformationen und die Daten entsprechen einer Datei, die der Server zum Client schickt. Vice versa kommen vom Client Nutzereingaben, die er zur Verarbeitung an den Server sendet.

Über die URL (siehe RFC 1738), die der Client dem Server mitteilt, erfährt dieser, welche Datei er an den Client schicken soll. Die URL umfasst Angaben zu Protokoll, Dienst, Domänen, Pfad und Datei. Eine Beispiel-URL zur Erklärung:

„http://www.domain.de/seiten/aktuell/scripte/beispiel.asp":
- Das Protokoll ist hier *http*,
- Dienst ist *www*,
- Domäne ist *domain.de*,
- Pfad ist *„/seiten/aktuell/scripte"* und
- Datei ist *„beispiel.asp"*

12.3. HTTP-Request

HTTP-Statuscodes, wie sie bei Bid-Requests vorkommen, stellen eine Anfrage des HTTP-Clients an den HTTP-Server dar und bestehen aus den Angaben Methode, URL und Request-Header [47]. Es gibt insgesamt acht Requests in HTTP v1.1: GET, POST, HEAD, PUT, OPTIONS, DELETE, TRACE und CONNECT. Davon seien jene, die bei RTB am meisten genutzt werden, näher ausgeführt.

Die gängigsten Methoden sind GET und POST – beim offenen RTB-Standard OpenRTB wird meist POST genutzt, für Benachrichtigungen, eine Auktion gewonnen zu haben („Win Notices" [46]) nutzt man jedoch auch GET. Nach diesen Angaben folgen, abgetrennt durch ein Leerzeichen, die URL und die aktuell verwendete HTTP-Version. In den folgenden Zeilen kommt der Header und bei der Methode POST wieder getrennt durch eine Leerzeile die Formular-Daten.

Wenn man daher mit einem Chrome-5-Browser und über HTTP 1.1 die Webpräsenz „www.technikum-wien.at" anfragt, sieht der HTTP-Request-Header folgendermaßen aus (die Header wurden mit dem Online-Tool „web-sniffer.net" ausgelesen):

HTTP Request Header

```
Connect to 94.136.22.156 on port 80 ... ok

POST / HTTP/1.1
Host: www.technikum-wien.at
Connection: close
User-Agent: Mozilla/5.0 (Macintosh; U; Intel Mac OS X; de-de)
AppleWebKit/523.10.3 (KHTML, like Gecko) Version/3.0.4 Safari/523.10
Accept-Encoding: gzip
Accept-Charset: ISO-8859-1,UTF-8;q=0.7,*;q=0.7
Cache-Control: no-cache
Accept-Language: de,en;q=0.7,en-us;q=0.3
Referer: HTTP://web-sniffer.net/
Content-type: application/x-www-form-urlencoded
Content-length: 0
```

Diese Request wurde mit HTTP-POST gestellt, was gleich in der ersten Zeile der Anfrage aufscheint.

„Connection: close" bedeutet, dass die Verbindung nach Übertragung getrennt wird. Kompression über „gzip" wird akzeptiert (siehe RFC 1952), danach folgen die erlaubten Character-Sets. „no-Cache" meint, dass kein Cache verwendet werden soll, „Languages" die erlaubten Sprachen und Referer stellt die URL der verweisenden Seite dar (RFC 2616). Der „Content-Type" wird an späterer Stelle bei openRTB dazu benützt um Multimedia-Contenttypen wie den JSON-Standard einzubinden.

„Content-length: 0" bedeutet schlicht, dass kein Content mit der Anfrage übertragen wurde.

12.4.   HTTP-Response

Die Antwort auf die Anfrage (=Request) des Clients ist die HTTP-Response vom Server. Dieses besteht aus der genützten HTTP-Version, dann folgt der Status-Code der Response (bspw. „200") und dann auch der Klartext der Response (Antwort, bspw. „OK").

Im Folgenden wird der HTTP-Response-Header gezeigt, der dem HTTP-Request an www.technikum-wien.at folgt.

HTTP Response Header

Name	Value
Status: HTTP/1.1 200 OK	
Date:	Fri, 02 May 2014 16:22:48 GMT
Server:	Apache/2.2.16
Expires:	Thu, 19 Nov 1981 08:52:00 GMT
Cache-Control:	no-store, no-cache, must-revalidate, post-check=0, pre-check=0
Pragma:	no-cache
Content-Encoding:	gzip
Vary:	Accept-Encoding
Set-Cookie:	PHPSESSID=34c5c26e5f59b4fdeА19e539c10653af; path=/
Connection:	close
Transfer-Encoding:	chunked
Content-Type:	text/html; charset=ISO-8859-1

Unterschiede zur HTTP-Request sind zum Beispiel, dass hier die verwendete Version der Server-Software („Apache/2.2.16") genannt wird.

Das Auslaufdatum der Session wird mit einem, in der Vergangenheit liegenden Datum angegeben, wenn man „Caching" vermeiden möchte, also das Zwischenspeichern von Ressourcen anhand bestimmter Kriterien, um unnötige Serveranfragen oder Übertragungen zu umgehen.

- *Exkurs:*
  Das Datum „Thu, 19 Nov 1981" ist der Geburtstag des Entwicklers der Scriptsprache PHP Sascha Schumann, der den Code selbst so hinzugefügt hat, um Caching bei PHP zu vermeiden. Im Folgenden steht der originale Programmcode aus „session.c", geschrieben in PHP:

```
// ...

CACHE_LIMITER_FUNC(private)
{
    ADD_HEADER("Expires: Thu, 19 Nov 1981 08:52:00 GMT");
    CACHE_LIMITER(private_no_expire)(TSRMLS_C);
}
```

Natürlich könnte man stattdessen auch jedes andere beliebige, in der Vergangenheit liegende Datum nehmen.

Neben "no-cache" (RFC 2616, Abschnitt 13.2.6) wird bei den Cache-Control-Direktiven auch "no-store" (RFC 2616, Abschnitt 13.1.1) verwendet, das zusätzliche Sicherheit gibt, dass der

Content nicht auf nicht-volatilem Speicher gespeichert wird (Festplatte, CDs, DVDs, Solid State Disks oder auch spezieller „NVRAM", der Daten ohne Stromversorgung behält – „NV" steht für „Non Volatile").

„no-cache" garantiert nämlich nur das Nicht-Zwischenspeichern über den (konventionellen) Arbeitsspeicher –dieser Inhalt ist spätestens nach Abschalten der Stromversorgung nicht mehr vorhanden.

„must-revalidate" (RFC 2616, Abschnitt 13.8) bedeutet, dass der Cache diese HTTP-Response als Antwort auf alle Folge-Requests benutzen kann. Wenn diese Antwort aber abgelaufen ist, so müssen alle Caches erst noch einmal die Request-Header der neuen Request mit dem Ursprungsserver abgleichen.

Eine hier genützte Erweiterung („Extension") des Cache-Control-Header-Feldes (siehe RFC 2616, Abschnit 13.10) ist „Post-Check", das auf „0" gesetzt ist. Es vergleicht den Browsercache nach einer vorher angegebenen Zeit. Eine andere „Extension", „Pre-Check" (RFC 2616), gleicht die letzte Aktualisierung einer Website mit der Version im Cache ab und nimmt die aktuellere Version.

„Pragma: no-cache" verhindert, dass angefragte Webseiten auf Proxy-Servern zwischengespeichert werden

„Vary: Accept-Encoding" (RFC 2616, Abschnitt 13.6) bedeutet, dass separate Cache-Entries behalten werden: eine für die komprimierte Version der Daten und eine für die nicht-komprimierte, die für ältere Browser oft besser geeignet ist.

Das „Set-Cookie"-Feld (RFC 2965) definiert ein Cookie, das gemeinsam mit den HTTP Header-Informationen übertragen wird – über diese Einstellungen werden die Cookies verwaltet, die einen auf seiner täglichen Reise durch das Web begegnen. Hier werden die zu speichernden Nutzdaten festgehalten, der Server gibt sie mit Base64 kodiert zurück. Es gibt ein „expires"- und ein „max-age"-Feld. „Expires" gibt ein Auslaufsdatum des Cookies an, bevor es gelöscht wird, „max-age" gibt die Dauer in Sekunden an, bevor es gelöscht wird. Des Weiteren wird über „Path" der genaue Teil der Website definiert, der die Cookie-Information braucht. Wenn man also das Cookie nur auf Seiten aus dem Verzeichnis „/cgi-bin" setzen wollte, setzt man den Pfad auf „/cgi-bin".

Im Folgenden nun das Set-Cookie-Feld einer Beispiel-HTTP-Response (näheres in RFC 6265):

```
HTTP/1.1 200 OK
 Set-Cookie: letzteSucheingabe=Y29va2llIGF1ZmJhdQ==;
            expires=Tue, 20-May-2014 19:31:41 GMT;
            Max-Age=2592000;
            Path=/cgi/suche.py
```

Bei der HTTP-Request hingegen geht es darum, alle Cookies auf dem Browser-Rechner mit der URL abzugleichen (ob hier schon Cookies vorhanden sind). Hierbei wird eine Liste mit „name/value"-Paaren aller übereinstimmender Cookies in die HTTP-Request aufgenommen.

Das "Set-Cookie"-Feld bewirkt beispielsweise bei einer HTTP-Response von *Google*, dass die letzte Sucheingabe vom Browser des Users in einem Cookie gespeichert wird. Beim nächsten Aufruf der Suchmaschine durch den User-Browser (innerhalb des vorgegebenen Zeitraumes) sendet der Browser wie oben beschrieben eine HTTP-Request mit allen übereinstimmenden Cookies, die er für diese URL gespeichert hat – so kann der Server mithilfe des an sich zustandslosen HTTP-Protokolls mittels Cookies dennoch auf frühere Eingaben des Users zurückgreifen.

„Connection: close" schließt die Verbindung nach Beendigung des Datentransfers und „Transfer encoding: chunked" meint, dass die Daten in „Chunks", das heißt in Blöcken übertragen werden. Diese Art der Datenübertragung hat den Vorteil, dass nicht der ganze Content bereits vorliegen muss, bevor man den Header senden kann. Es wird immer zuerst die Chunkgröße und dann der eigentliche Nachrichtenteil gesendet, und als letzten Chunk sendet der Server jenen mit dem Header „Chunked-Body: last-chunk". In HTTP 1.0 wurde das Verfahren noch mit dem „Content-Length"-Header gelöst, dieses Verfahren hat aber den Nachteil, dass die „Content-Length" erst nach der Erstellung der Inhalte bekannt ist.

Um dies nicht immer abwarten zu müssen, ist die Lösung mit den einzelnen Datenblöcken (Chunks) ressourcenschonender und es kann brachliegende Zeit zum Datentransfer genützt werden.

12.5. Der Zusammenhang von JSON und JavaScript

Auch hier ist nun der Content-Type für das später näher ausgeführte openRTB wichtig sowie auch für alle anderen RTB-Plattformen. Im Falle der HTTP-Response durch www.technikum-wien.at war der Content-Type „text/html", aber bei einer RTB-Response (Bid-Response/Ad-Response) wäre der korrekte Content-Type „application/json".
Es haben sich im Laufe der Zeit einige unterschiedliche Definitionen entwickelt, die jedoch alle zu kurz greifen, da die Objekt-Beschreibungssprache JSON (RFC 7159) genau genommen weder zum Typ Text noch zum Typ Programmiersprache (javascript) gehört. Der daher universal angewandte Content-Type lautet „application/json".

Wenn JSON mit Rückruffunktion/"Callback-Function" angewendet wird (JSONP=JSON with Padding), ist der zugehörige Content-Typ dafür „text/javascript" [53], da hier die JSON-Daten in eine JavaScript-Funktion verpackt werden. Dieses Vorgehen ist jedoch vom Standpunkt der Sicherheit nicht unbedenklich. Über einen „Query String" der URL wird dem Server dann der Name der Funktion mitgeteilt, also zum Beispiel:

```
<script type="text/javascript"
        src="HTTP://beispiel.com/getjson?jsonp=Rueckruf">
```

```
</script>
```

Begriffsdefinitionen:

- *Query String: Bei HTTP kann gefolgt vom eigentlichen Ressourcenanzeiger (URL) und separiert durch ein Fragezeichen ein Query String folgen. In diesem können weiterführende Informationen übermittelt werden, die client- oder serverseitig weiterverarbeitet werden können.*

- *Rückruffunktion: ist in der Informatik eine Funktion, welche wiederum einer anderen Funktion als Parameter übergeben wird und unter bestimmten Bedingungen aufgerufen wird. Dieses Muster folgt dem Paradigma der „Inversion of Control", das in der objektorientierten Programmierung vielfach angewendet wird. Hier werden Programmteile nur unter bestimmten Bedingungen aufgerufen, es werden Kontrolle und Ausführung des Programmteils getrennt.*

- *Sicherheitsrisiken von JSONP: <script>-Elemente erlauben einem Server, beliebigen Content (nicht nur JSON-Objekte) an den Webbrowser zu übertragen. Es kann daher passieren, dass „Malsites" („bösartige" Webseiten) über die zurückgesendeten Daten an private Informationen kommen oder diese nach ihrem Sinne manipulieren. Besonders, da das <script>-Element die „Same-Origin-Policy" nicht beachtet, kann eine „Malsite" JSONP-Daten „anfordern und auswerten, die nicht für sie bestimmt sind[…]" [54]. Dieses Vorgehen wird „Cross-Site Request Forgery" genannt und ist besonders für den Datenschutz sensibler Informationen gefährlich.*

Der Grund dafür, dass man JSON-Daten in JavaScript-Funktionen einpackt, rührt daher, dass mit JSON allein keine Datenabfragen des Clients über Domaingrenzen hinweg möglich sind. Über <script>-Elemente ist es im „src"-Attribut jedoch möglich, jede mögliche URL einer anderen Domain anzugeben, die dann beispielsweise die erwünschten JSON-Daten zurückgeben kann.

12.6. HTTP-Response-Codes/HTTP-Status-Codes

Der Webserver schickt den in Kapitel 12.1 aufgeführten HTTP-Response-Header an den Browser und liefert ihm eine HTML-Datei nach. Da in der HTML-Datei fast immer Referenzierungen auftauchen (also beispielsweise auf Dateien in CSS, Javascript, Bilder, Audio oder Video), schickt der Browser noch weitere HTTP-Requests an den Server [47]. Darin fordert er über HTML weitere Dateien an.
Im HTTP-Response-Header steht dann der Status-Code, der der Anfrage zugrunde liegt. Es gibt einen Status-Code und eine Klartext-Beschreibung der HTTP-Response, wie „HTTP/1.x 200 OK", was bedeutet, dass die Anfrage erfolgreich war.

Die Website „www.elektronik-kompendium.de" liefert an dieser Stelle eine Zusammenfassung der Interpretation der Statuscodes (siehe RFC 2616 und Abb. 32):

Status-Codes	Beschreibung
100-199	Status-Codes im 100er Bereich sind Meldungen informeller Art.
200-299	Status-Codes im 200er Bereich informieren den Client über eine erfolgreiche Anfrage.
300-399	Status-Codes im 300er Bereich deuten auf eine Umleitung hin und weisen den Client an, seine Anfrage auf das zurückgelieferte Ziel zu wiederholen oder den Benutzer die Entscheidung treffen zu lassen.
400-499	Status-Codes im 400er Bereich sind Fehlermeldungen, die vom Client ausgelöst werden. Meistens handelt es sich um eine Anfrage, die vom Server nicht beantwortet werden kann.
500-599	Status-Codes im 500er Bereich sind Fehlermeldungen, die vom Server direkt ausgelöst werden.

Abbildung 32: HTTP-Statuscodes [47]

Das häufigste, worauf bei RTB-Plattformen die Betreiber der SSPs oder DSPs stoßen, sind Statusmeldungen über eine erfolgreiche Anfrage mit Code 200-299 oder ein Fehlermeldungscode von 400-499.

Zur vollständigen Interpretation der jeweiligen Zahl bietet die Seite auch eine vollständige Auflistung inklusive Klartext, deutscher Formulierung und jeweiliger HTTP-Version des Codes. Dies ist wichtig, da je nach Version Codes weggefallen oder dazugekommen sind.

12.7. Die POST-Methode in HTTP

Die Post-Methode ist eine von vielen Request-Methoden des HTTP-Protokolls. Diese Methode fordert an, dass ein Webserver Daten zur Speicherung akzeptieren möge, die mit der Request-Message mitkommen. Meist wird damit ein File hochgeladen oder ein Webformular abgeschickt. Im Gegensatz dazu dient die GET-Methode zur Einholung von Informationen vom Server.

In Abb. 33 auf Seite 68 sieht man noch einmal die Reihenfolge des RTA-Kreislaufes:

Als erstes kommt von einem Publisher eine Ad Request, welche einen Ländercode beinhaltet, die IP-Adresse und Device-ID, den Browsertyp, die URL für die angefragt wird. Es wird auch die MAC-Adresse und manchmal eine SecureUDID übergeben.

Begriffsdefinitionen:

- *SecureUDID: Ist eine sicherere und eingegrenztere Variante des „Unique Device Identifier" und bedeutet „Secure Unique Device Identifier" – ein hardwarebasierter und alphanumerischer„Identifier"-String, der domain-basierend und mittels eines*

66

„Salt"-Token abgesichert ist. Dies bedeutet, dass Entwickler immer noch zwischen benutzten Devices des Users unterscheiden können, jedoch nur innerhalb von Apps (einer Domain-> domainbasiert), die sie kontrollieren. Andere UDIDs als jene der Besucher der eigenen Domain können vom Entwickler NICHT eingesehen werden. Der Grund für die Sicherheit von SecureUDID ist die Verwendung der kryptologischen Hashfunktion SHA-1. Hier werden die Werte „Domain" und „UDID" verkettet und darauf die Funktion SHA-1 angewendet [55]. Daraus entsteht ein eindeutiger Hashwert, mit dem man nicht mit einfachen Mitteln auf die Eingangswerte UDID und Domain rückschließen kann.

- *Salt: eine zufällig gewählte Zeichenfolge, die an einen vorgegebenen Klartext angehängt wird (beispielsweise ein Passwort oder eine Identifikationszeichenfolge), bevor er als Eingabe einer Hashfunktion dient. Dies geschieht um den Informationsgehalt des Klartexts zu erhöhen [56].*

Wichtiger für den Handel mit Werbeflächen sind aber vielmehr die Daten zur Usersegmentierung, Seiteninformation und andere Metadaten, die übermittelt werden. Die Demand Side Plattform schickt diese Anfrage via HTTP an die Ad Networks/Exchanges weiter, welche die Mittler zu den SSPs sind, und die potenziellen Anbieter hinter den SSPs bekommen via HTTP-Post die gleichen Daten angeliefert. Beim Käufer/Bieter ist nach vorherigen Eingaben eine Real-Time-Decision-Engine am Werk, die in Echtzeit überprüft, wie mit Angeboten oder neuen Veränderungen des Angebots (z.B. Abrechnungsmodus, andere Bilddatei, andere Deadlines) umzugehen ist.

Sie sendet wiederum eine Bid Response mit dem Gebot, der Ad URL oder dem Werbemittel an die Exchange zurück, und diese gibt im besten Fall für den Bieter eine Win Notice mit dem Endpreis (Settlement Price) zurück. Wenn das Werbemittel nicht ohnehin schon in der Bid Response war, wird dies als Antwort an die Exchange danach erledigt. Danach kann die Werbung dem User direkt auf dem Screen ausgeliefert werden. Abb. 33 zeigt den Ablauf von Bid- und Ad-Requests via HTTP. Wie in Kapitel 12 erläutert, kann auch die Kommunikation auch mit HTTPS geschehen, welches TLS als Verschlüsselungsprotokoll einsetzt (siehe ebenso Kapitel 12).

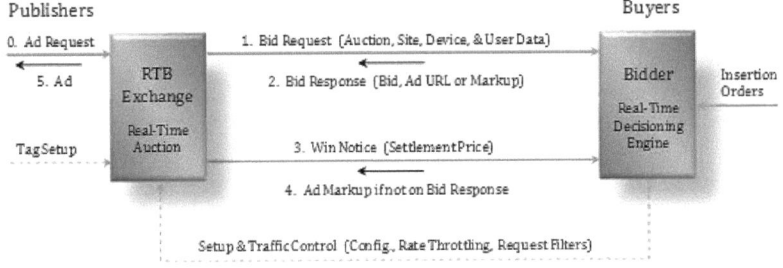

Publishers   Buyers

0. Ad Request   1. Bid Request (Auction, Site, Device, & User Data)

5. Ad   RTB   2. Bid Response (Bid, Ad URL or Markup)   Bidder   Insertion
          Exchange   Orders
                                                                   Real-Time
          Real-Time   Decisioning
TagSetup   Auction   3. Win Notice (Settlement Price)   Engine

                        4. Ad Markup if not on Bid Response

          Setup & Traffic Control (Config, Rate Throttling, Request Filters)

Abbildung 33: Bid- und Ad-Request über HTTP [46]

13. Die Programmierschnittstelle "OpenRTB"

Im Zusammenhang mit Entwicklung von offenen Betriebssystemen, offenen Browser-Applikationen und quelltextoffenen Text- und Grafikverarbeitungsprogrammen ist es auch interessant und für die Branche wichtig, über freie Programmspezifikationen und -schnittstellen im Bereich RTB zu verfügen.

Die einzige Umsetzung von großer Popularität und Bekanntheit, die es einigermaßen zu einer Standardisierung ihrer Vorgaben geschafft hat, ist die „OpenRTB"-API (Application Programming Interface), welche on der IAB (International Advertising Bureau) ausgeht, die auch eine Zweigstelle in Wien hat.

Im RTB Project versammelte sich im November 2010 das frühere OpenRTB Consortium, um eine neue API-Spezifikation für jene Unternehmen zu entwickeln, welche ein offenes Protokoll wollten, um digitale Medien über eine breite Palette an Plattformen, Geräten und Werbelösungen zu handeln.

Dieses Projekt geht vom „International Advertising Bureau" aus, dessen Vertretung es auch in Österreich gibt, und wobei auch der Autor dieser Thesis gemeinsam mit Herbert Pratter einen Artikel im Jahrbuch des „IAB Austria" verfasst hat.

Zu Beginn der Spezifikation gibt es eine Checklist, was sich alles in einem Angebot befinden soll – eine Art „Before you get started"-Liste, um Klarheit über das Prozedere zu bekommen, siehe Abb. 34. Dabei geht es im Wesentlichen um Supply- und Demand-Quelle sowie um die Art der einzufügenden Objekte.

Integration Checklist

☐ [Company Name] is a supply source, and these are the objects/parameters supported in the bid request

☐ [Company Name] is a demand source, and these are the objects/parameters required for ad decisioning

Supported Scenarios:

In-Browser:	In-App (typically mobile):	Other:
☐ Banners	☐ Banners	☐ Please Specify:
☐ Video	☐ Video	

Supported Objects/Parameters:

Object Name	Supported?	List Recommended Parameters NOT Supported	List Optional Parameters Supported
Bid Request Object	☒		
Impression Object	☒		
Banner Object	☐		
Video Object	☐		
Site Object	☐		
App Object	☐		
Content Object	☐		
Device Object	☐		
User Object	☐		
Publisher Object	☐		
Producer Object	☐		
Geo Object	☐		
Data Object	☐		
Segment Object	☐		

Abbildung 34: Integration Checklist der OpenRTB API Specification [46]

Das Ziel der Initiative ist, dem Real-Time-Bidding-Marktplatz ein größeres Wachstum zu verleihen, indem man offene Industriestandards für die Kommunikation zwischen Käufer und Verkäufer von Werbeinventar anbietet.

Beim Thema Standards gibt es viele Aspekte, welche nicht nur das tatsächliche RTB-Protokoll betreffen, sondern auch Informations-Taxonomien, „Offline-Konfigurations-Synchronisation" etc.

Begriffsdefinition:

- *Offline-Konfigurations-Synchronisation: etwas irreführender Ausdruck, da hier die Offline-Databases synchronisiert werden – dies geschieht aber klarerweise online mittels zeitlich regelmäßiger Ausführung des „SSP-Synchronisation-Services" (mit einer „Batch"-Skriptdatei). Dieser gleicht Blocklisten von Advertisern mit denen der DSP -> dient besonders dazu, „schwarze Schafe" unter den Advertisern frühzeitig zu erkennen, bevor die Werbekampagne noch gestartet wird.*

Beim OpenRTB API geht es laut Dokumentation in [46] konkret darum, die Verbindung zwischen den Anbietern von Publisher-Inventar (dies können Exchanges, Networks oder SSPs sein) mit wettbewerbsstarken Käufern dieses Inventars herzustellen (Bieter, stellvertretend DSPs, oder stellvertretend Networks die mit dem Advertiser zusammenarbeiten).

Das OpenRTB-Ökosystem in Abb. 35 erweitert somit das herkömmliche RTB-/RTA-Schema um die Rollen des OpenRTB-Clients und des OpenRTB-Servers. OpenRTB unterstützt hier jeweils „Offline Batch Synchronisation Of Information" und „Online Real-Time Synchronization".

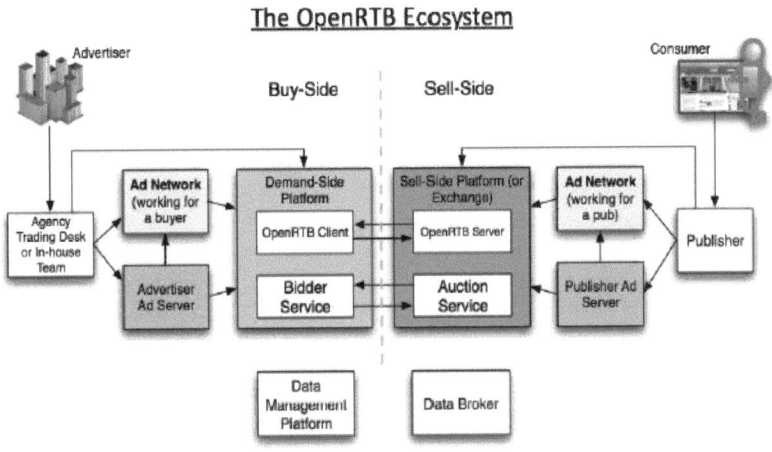

Abbildung 35: Kommunikationsdiagramm der Parteien im OpenRTB-Ökosystem [46]

Die in Abb. 35 aufgeführten, aber noch nicht genannten Akteure sind:

- **Agency Trading Desk:** Abteilung oder Zweig einer Agentur, der den programmatischen, in diesem Fall automatisierten Einkauf überwacht
- **Advertiser Ad Server:** Server des Advertisers, der für die Auslieferung des Werbemittels und die Erfolgsmessung zuständig ist
- **OpenRTB-Client/-Server:** DSP- oder SSP-Umsetzung des OpenRTB-Standards [46]

- **Data Management Platforms:** liefern universelle Daten wie Tracking-Infos, „Customer-Relation-Management"-Daten (zusammenhängende User-Daten) und sind direkt an DSPs und Adserver gekoppelt [23].
- **Data Broker:** gleiche Aufgaben wie DMPs, aber auf SSP-Seite
- **Bidder-Service/Auction-Service:** Bezeichnet die Softwarelösung, die jeweils das Bidder- oder Auction-Service mit dem Ad Server von Advertiser oder Publisher kommunizieren lässt

13.1. Datentransport

Das Basis-Protokoll zwischen einer Real-Time-Bidding-Plattform und einem Bieter ist HTTP, genauer gesagt wird HTTP POST für die Bid Requests benötigt, da dieses besser als HTTP GET mit höheren Payloads (=Nutzlast) und mit binären Abbildungen zurande kommt. Die Nachricht über eine gewonnene Auktion kann bei OpenRTB entweder HTTP POST oder HTTP GET übernehmen – alle Aufrufe sollten Code 200, in Klartext „OK" (RFC 7231, Abschnitt 6.3.1) zurückgeben, außer es handle sich um eine leere „Bid Response", z.B. wenn man dies als „Kein Gebot" spezifiziert. Dann gibt HTTP den Code 204 (RFC 7231, Abschnitt 6.3.5) aus, in Klartext „No content". Dies bedeutet, dass die Request empfangen und angenommen wurde, jedoch kein Bedarf besteht, Daten als Antwort zurückzusenden. Ein sehr gutes „Best Practice" ist laut IAB (nachzulesen in der Spezifikation des OpenRTB-Projects [46]); HTTP Persistent Connections zu aktivieren (auch bekannt als HTTP Keep-Alive), um die Verbindungsperformanz zu verbessern. Der Vorteil davon ist, dass die CPU-Nutzung auf beiden Seiten des Interfaces reguliert wird und der Overhead an Verbindungsmanagement reduziert wird (diese Zielsetzung ist nachzulesen in RFC 2616, Abschnitt 8.1.1.). In RFC 2068 zeigen bereits konkrete Implementierungen positive Resultate zur Performancesteigerung.

13.2. Sicherheit

Näheres zur Sicherheit und zu SSL wurde bereits in Kapitel 12 ausgeführt. SSL wird zumindest bei OpenRTB vom Projektteam der IAB nicht empfohlen, da damit zusätzlicher Verarbeitungsaufwand hinzukäme.

13.3. Datenformat

JavaScript Object Notation (JSON) wird in OpenRTB für Bid Requests und Bid Responses empfohlen, weil es sehr gut lesbar und sehr kompakt ist.
Eine vollwertige Ad Exchange im Sinne von *Right Media* oder *DoubleClick* kann darüber hinaus viele andere Datentypen unterstützen: z.B. eine komprimierte Form von JSON, XML, Apache Avro, ProtoBuf, Thrift und viele mehr [46].
Der Content-Typ im HTTP-Header wird dazu benutzt, um die Bid Request zu spezifizieren.

Hier spielt der „Internet Media Type", auch MIME-Type eine große Rolle, der die Daten im Rumpf einer Nachricht im Internet klassifiziert. Über den MIME-Type wird beispielsweise bei einer HTTP-Übertragung dem Browser mitgeteilt, um welche Art von Daten es sich handelt: ob Klartext, HTML, oder PNG-Bild o.ä.

Begriffsdefinition:
- *MIME-Type: Multipurpose Internet Mail Extensions, auch Content-Type genannt. Auch in E-Mails wird das „Content-Type"-Header Feld benutzt, um Dateninhalte zu kategorisieren und zu klassifizieren. Die wichtigsten Typen sind „application, audio, example, image, message, model, text, video und multipart" [57] für mehrteilige Daten*

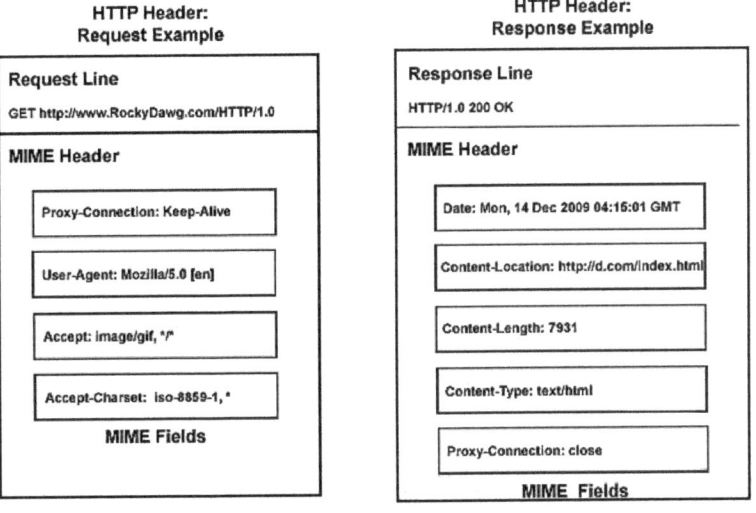

Abbildung 36: Beispiel für Request-/Response-Headers bei HTTP
(auf „www.apache.org" zu finden) [58]

Im Beispiel von Abb. 36 gibt es bei der Proxy-Connection im Request Header das bereits erwähnte "Keep-Alive", was für bessere Performanz sorgt. Es werden im GET-Request der Browsertyp, sowie akzeptierte Datentypen und akzeptierte Character-Sets festgehalten. In der Response wird nun Zugriffszeit, Location des Contents, Länge des Contents (Zeichenanzahl) und Typ (hier „text/html") zurückgegeben.Wenn alternative Binär-Typen gewünscht sind, muss die SSP oder Ad Exchange den Content-Typen genauer definieren, z.B. „Content-Type:avro/binary" oder "Content-Type:application/x-protobuf".

Im Header soll bei der OpenRTB-Version ein eigener Header-Parameter eingefügt werden, der die Version der verwendeten Software anzeigt, z.B. „x-openrtb-version: 2.1".

13.4. Aufbau des Bid-Request-Objects

Eine RTB-Transaktion wird dann initiiert, wenn eine Ad Exchange oder eine Supply-Quelle eine Bid-Request zu einem Bieter schickt. Diese besteht aus einem Bid-Request-Objekt, zumindest einem Impression-Objekt und kann zusätzliche Objekte beinhalten, welche im Kontext zu der Ad Impression stehen.

Die verpflichtenden Objekte (siehe Abb. 37) bei einer Bid Request sind erstens „Bid Request Object" und „Impression Object". Zweitens werden Banner- oder Video-Objekte benötigt, bzw. je nach Art der Request auch ein „Site Object" für Webseiten oder „App Object". Diese sind aber mehr empfohlen denn verpflichtend. „Content-Object" beschreibt den Inhalt einer App oder Site, während „Device Object" das Gerät beschreibt, wohin die Werbung (Ad) geliefert wird und die Fähigkeiten des Gerätes (ob Flash-Support o.ä.): Mobiltelefon, Computer, Set-top-Box uvm.

Für das Targeting nötig ist das „User Object", welches den User mit „Unique Identifiers" versehen kann und ihn daher wiedererkennbar macht.

Die optionalen Parameter im Kurzdurchlauf:

„Publisher" beschreibt den Herausgeber einer Website oder App, und „Producer" beschreibt den Hersteller des „Content Object", der vom „Publisher" abweichen kann.

„Geo Object" definiert die aktuelle geographische Position des Gerätes der Werbeauslieferung (basierend auf IP oder GPS). „Data Object" ist ein Teil des „User Objects" und beschreibt eine Datenquelle und userbezogene Daten – hier können Userdaten eingetragen und dann an Bieter weitergegeben werden.

„Segment Object" ist ein Objekt aus „Data Object" und beschreibt Daten über den User, die an Bieter in der Bid-Request weitergegeben. Diese Daten können von mehreren Quellen wie Ad-Exchanges oder auch Third-Party-Provider (Drittpartei-Datenprovider) stammen. Das bedeutet, dass mit einer Bid-Request für ein Werbebanner auch gleich ein „Segment Object" mit übertragen werden kann, welches den User einem Segment zuordnet einträgt und somit zur genaueren Auslieferung der Werbung beiträgt.

Bei dieser Segmentierung geht es konkret schlicht darum, die User in sinnvoll differenzierte Segmente/Kategorien einteilen zu können. So könnte der „value" eines „Segment Objects" beispielsweise das Geschlecht „male" oder „female" beinhalten, oder für Altersklassen den Wert „14-49".

„Extensions" ist ein Platzhalter für Daten über den Standard hinaus – dieser ist auf alle Objekte anwendbar – über alle Plattformen konsistent wird er mit „ext" bezeichnet, und beinhaltet Schlüssel-Wert-Paare des Datentyps „String". Darüber hinaus ist eine Abfrage mit Wahrheitswert („boolean") enthalten, ob es sich überhaupt um eine Bid Request handelt.

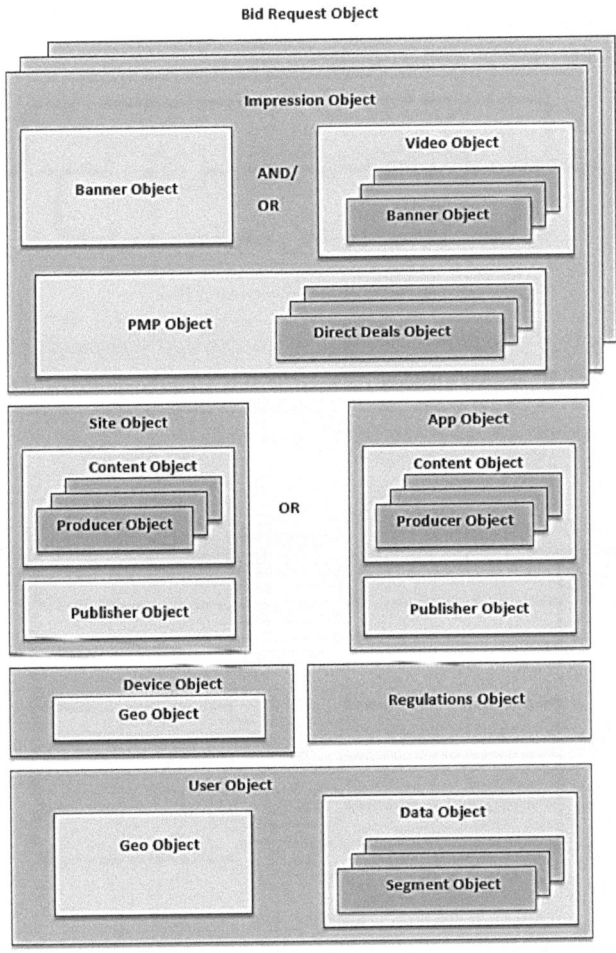

Abbildung 37: Objekthierarchie bei einer Bid-Request [46]

13.5. Objektdefinitionen

In JSON bezeichnet ein Objekt nach ECMA-404 Data-Interchange-Standard [59] eine ungeordnete Menge von Name/Wert-Paaren. Ein Objekt fängt mit geschwungener Klammer auf „{" an und endet mit „}". Nach jedem Namen steht ein: (Doppelpunkt) der vom Wert gefolgt wird. Die einzelnen Name/Value-Paare werden durch, (Komma) voneinander getrennt (siehe Abb. 38).

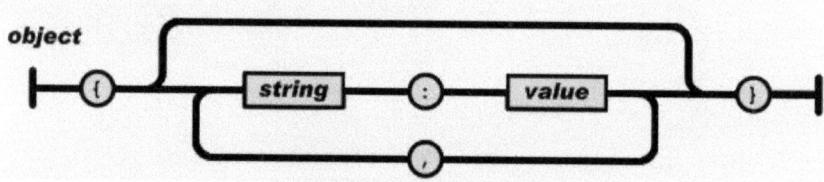

Abbildung 38: Objektstruktur [59]

Das „Array" ist wie in anderen Programmiersprachen auch durch Kommas als Trennung und eckige Klammern als Umschließung gekennzeichnet.
Ein Wert kann ein Objekt, eine Zeichenkette, ein Array (= Datenstruktur, vgl. Matrix, Tabelle) und mehrere andere sein, wie in Abb. 39 gezeigt wird:

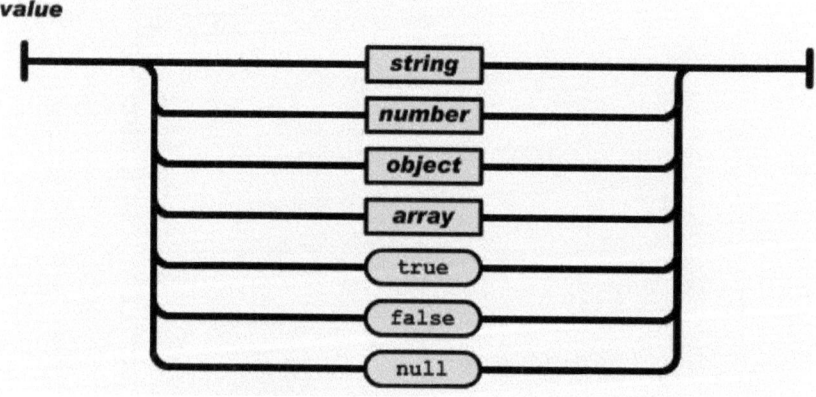

Abbildung 39: Definition von "Value" [59]

13.6. Bid-Request

Für das Top-Level-Bid-Request gibt es eine global einzigarte ID (auction ID). Dieses ID-Attribut wird benötigt, sowie zumindest ein „imp" (impression)-Objekt. Weitere Attribute sind optional und eine Ad Exchange kann auch eigene Default-Werte einstellen. Für Webseiten ist das Feld „site" empfohlen, analog das Feld „apps". „Device" und „User" sind wie schon beschrieben definiert.

Das Feld „at" ist optional und als Integer-Wert definiert: Es beschreibt den Auktions-Typ, also beispielsweise eine „first-price-auction" oder eine „second-price-auction" − zusätzlich können noch viele andere Formen je nach Ad Exchange definiert werden.

Eine „First-Price-Sealed-Bid-Auction" ist, wenn man verdeckt bietet und dann den gebotenen Höchstpreis bezahlt. Eine „Second-Price-Sealed-Bid-Auction", auch „Vickrey-Auktion" genannt, funktioniert so, dass der Höchstbietende gewinnt, aber nur in Höhe des zweithöchsten Gebots bei Zuschlag bezahlt (mehr zur Vickrey-Auktion zum Beispiel in einer Projektarbeit über Zweitpreisauktion der Mathematik-Universität München [60]).

Das Feld „tmax" gibt in Integer-Werten die maximale Zeitdauer an, in der ein Gebot abgegeben werden kann (in Millisekunden − d.h. 120 bedeutet ein Bieter hat 120 ms Zeit, zu bieten, bevor die Auktion vorüber ist).

Über „wseat" kann optional angegeben werden, wieviele „buyer seats" für Bieter vergeben werden. Zudem kann vordefiniert werden, welche Advertiser mit welchen Sitznummern Gebote abgeben dürfen. Die optionale Flag „allimps" gibt an, ob alle angebotenen Impressions all jene abbilden, die verfügbar sind.

„Cur" gibt in einem „String-Array" (=Matrix mit Datentyp String) nach ISO-4217-Codes erlaubte Währungen an, mit denen auf die gegenwärtige Auktion geboten werden kann. Bei nur einer Währung ist dieses Feld nicht notwendig.

Zum Ausschließen von Advertiser-Kategorien gibt es „bcat", welches bestimmte Werbenden-Typen ausschließen könnte. Derzeit gibt es aber keine offizielle Kategorisierung oder Taxonomie der Advertiser-Industrie, wenngleich es von der IAB bereits Näherungskategorien gibt.

Das „Blacklisten" von Advertisern geht mit dem Feld „badv" noch weiter, denn hier können top-level domains blockiert werden, z.B. „unternehmen1.com", „unternehmen2.com",…

Auch bei der „Bid Request" gibt es wieder ein ext-Feld, das bestimmte JSON-Einträge beinhalten kann, aber optional ist.

Die Struktur der Bid-Request wird in einer Beispiel-Implementierung auf „github.com" am Anfang mit „type Request struct"[…] angegeben [61]. Der Wert „omitempty", der nach der Bezeichnung des Attributes steht, bedeutet „omit if empty" − also auslassen, wenn das Feld leer ist:

```go
type Request struct {
    Id      *string      `json:"id"`
    Imp     []Impression `json:"imp,omitempty"`
    Site    *Site        `json:"site,omitempty"`
    App     *App         `json:"app,omitempty"`
    Device  *Device      `json:"device,omitempty"`
    User    *User        `json:"user,omitempty"`
    At      *int         `json:"at"`
    Tmax    *int         `json:"tmax,omitempty"`
    Wseat   []string     `json:"wseat,omitempty"`
    Allimps *int         `json:"allimps,omitempty"`
    Cur     []string     `json:"cur,omitempty"`
    Bcat    []string     `json:"bcat,omitempty"`
    Badv    []string     `json:"badv,omitempty"`
    Pmp     *Pmp         `json:"pmp,omitempty"`
    Ext     Extensions   `json:"ext,omitempty"` }
```

13.6.1. Das Objekt „Impression"

Das Objekt „imp" beschreibt die Position der Ad, die versteigert wird. Eine einzelne Bid Request kann viele „imp-objects" beinhalten, zum Beispiel wenn alle Werbe-Positionen einer gegebenen Seite als Bündel versteigert werden sollen. Jedes „imp-object" hat eine benötigte ID, sodass Gebote darauf individuell referenzieren können.

Das Feld „id" beziffert mit einer Zahl eine Impression beim Bid-Requests – eine Art Ordnungszahl, die die Impression eindeutig ausweist.
Bei OpenRTB-Varianten werden die Objekte in der Sprache „Go" programmiert, was sich hier als Standardsprache für die Umsetzung von Funktionen etabliert hat.
Die Funktion „id" versieht das Objekt „imp" (Impression) mit einer ID, wie in einer Beispiel-Implementierung auf www.github.com [62]:

```go
func (imp *Impression) SetId(id string) *Impression {
    if imp.Id == nil {
        imp.Id = new(string)
    }
    *imp.Id = id
    return imp
}
```

„banner" referenziert auf ein Banner-Objekt, welches für „banner impressions" benötigt wird. Dasselbe gilt für das Feld „video", welches für „video impressions" angefordert wird.
Mit untenstehender Funktion kann man per Programmiersprache „Go" ein Banner setzen, wie in der Implementierung auf www.github.com [62]:

```
func (imp *Impression) SetBanner(b Banner) *Impression {
        if imp.Banner == nil {
                imp.Banner = new(Banner)
        }
        *imp.Banner = b
        return imp
}
```

Ein hier eingeführtes Feld ist der „displaymanager", welches für Video und Apps empfohlen wird: Hier wird der Name des Werbedienstleisters, der Softwaretechnologie oder einem anderen festgehalten, der für das grafische Rendern der Ad verantwortlich ist (typischerweise Video oder Mobile).
Manche Ad Server verwenden dieses Feld, um Ad Code eines Partners zu modifizieren.

„instl" bezeichnet, ob die Ad im Vollbild angezeigt wird, „tagid" wiederum meint eine spezifische Ad-Positionierung oder einen Tag, der verwendet wurde, um die Auktion zu initiieren.
Im Folgenden wird die Funktion „WithDefaults" in einer Beispiel-Implementierung aus „www.github.com" aufgerufen [62], die das „imp"-Objekt mit Default-Werten zurückgibt. Der „Bidfloor" wird hier unter der Bedingung, dass er „not in list" ist (nil) als 32-bit-Array neu erstellt. „instl" (="interstitial") wird hier neu erstellt und mit dem Wert „0" versehen, also keine Vollbild-Ad und keine „Unterbrecherwerbung" (= "interstitial"). „Interstitials" unterbrechen beim Besuch einer Seite und werden häufig als störend empfunden, erhöhen aber die Aufmerksamkeit auf das Werbeobjekt.

```
func (imp *Impression) WithDefaults() *Impression {
        if imp.Instl == nil {
                imp.Instl = new(int)
                *imp.Instl = 0
        }

        if imp.Bidfloor == nil {
                imp.Bidfloor = new(float32)
                *imp.Bidfloor = 0
        }

        if imp.Bidfloorcur == nil {
                imp.Bidfloorcur = new(string)
                *imp.Bidfloorcur = "USD"
        }
```

Auktionstechnisch kann mit dem Feld „Bidfloor" der Grundpreis (in CPM angegeben) für diese Impression in Gleitkommazahlen angegeben werden, „bidfloorcur" beschreibt hierbei die Währungen. Im obigen Programmierbeispiel wird die Währung in USD festgelegt.

Bei der Programmiersprache „Go" werden Daten in Form von „Name/Value"-Paaren verarbeitet, und so ist hier der Name „imp.bidfloorcur" und der zugewiesene Wert „USD" (String).

Weniger wichtig und optional ist der „iFramebuster", mit dem man die Ad aus den vorgefertigten iFrames einer Website herauslösen und beispielsweise in größerem Format anzeigen kann – diese Namen der Busters werden hier aufgelistet.

Begriffsdefinition:
- *iFrame: sehr geläufige und alte Methode um einen Website-Inhalt in einem „inline frame" (iFrame) anzuzeigen. Wird global akzeptiert und im ganzen Web genützt, ist mittlerweile aber auch ein Sicherheitsrisiko, wogegen Website-Betreiber mittels „iFramebusters" vorgehen. Diese verhindern, dass die Website des Betreibers innerhalb eines iFrames angezeigt wird.*
- *iFramebuster: Grundsätzlich reicht eine einzige Zeile Code, die vergleicht, ob die gegenwärtige URL mit der Top-URL übereinstimmt. Wenn nicht, erwirkt das Skript, dass die Top-URL stattdessen geladen wird.*

„ext" ist wiederum Platzhalter für alle möglichen JSON-Einträge, denen beide Parteien zustimmen.

13.6.2.   Das Objekt „Site"

Das Objekt „Site" hat wiederum die selbsterklärenden Felder „id" und „name" sowie „domain". „Domain" bezeichnet jene Seiten-Domain, die vom Advertiser aus geblockt werden sollen, so im Beispiel „foo.com" [46]. Die Felder „cat" und „sectioncat" sowie „pagecat" geben mögliche Kategorien für den Content der jeweiligen Seitenteile an.
Zum Beispiel kann die Kategorie „cat" einer ganzen Webpräsenz Sport sein, während die Kategorie einer jeweiligen Seite dann auch Tennis sein kann, also eine Sub-Kategorie.

Das Wichtigste ist das Feld „Page", wo die URL der Ad gezeigt werden soll.

Es gibt auch die Möglichkeit eine „Privacy Policy" einzurichten, die man mit dem Wert „1" erstellen kann, mit Wert „0" lässt man sie inaktiv. „Privacy Policy" weist auch bei RTB konkret auf alle Richtlinien zum Datenschutz und zur Vertraulichkeit hin.

Mitdokumentiert wird natürlich auch die „ref", die „Referrer URL", die zur Navigation zur aktuellen Seite geführt hat – hier gibt es in den letzten Jahren immer mehr Misswirtschaft und Betrügereien wie „Referrer-Spam", „Referrer-Spoofing", Umleitung von HTTPS- zu HTTP-Servern usw. [63]

Begriffsdefinitionen:

- *Referrer-Spam: Massenhaftes Aufrufen einzelner Seiten um Referrer-Statistik von Suchmaschinen zu schöner (infolgedessen höhere Reihung bei Suchergebnissen). Ist in weitestem Sinne aggressives Marketing, wobei ein Spambot (automatisiertes Skript) einen Referrer mit der URL des Angebots auf möglichst vielen Webseiten hinterlässt. Wenn eine der betroffenen Seiten dann ihre Referrer veröffentlicht, so finden sich darunter auch die automatisiert eingetragenen Spam-Links zu den Angebotsseiten. Referrer-Spam ist ein Negativbeispiel für Suchmaschinen-Optimierung [63].*
- *Referrer-Spoofing: Vortäuschen von Referrern beim Übermitteln des HTTP-Request. Ziel ist es häufig, dadurch unauthorisierten Zugang auf eine Website zu erlangen, sowie das Verwischen der Spuren, welchem Weblink man gefolgt ist [64].*

Neben der „Referrer URL" wird auch der „search"-String, der in einer Suchmaschine zur Navigation zur aktuellen Seite geführt hat, dokumentiert. Andere Objekte, Keywords und wieder der Platzhalter „ext" gehören weiters zur Objektstruktur.

Die Funktion „IsPrivacyPolicy()" im folgenden Teil stellt fest, ob bereits eine Privacypolicy existiert (das Attribut „nil" in dieser Sprache steht für „not in list", und entspricht dem Nullwert) - wenn ja, gibt es den Boolean-Wert (=Wahrheitswert)„1" für true zurück, andernfalls „false". Die Funktion „WithDefaults()" legt bei Nichtvorhandensein der Privacypolicy eine neue mit dem integer-Wert „0" an. Danach wird der Wert der Funktion zurückgegeben. Im Folgenden wird dies in einer Beispiel Implementierung [65] aus „www.github.com" gezeigt:

```
func (s *Site) IsPrivacyPolicy() bool {
        if s.Privacypolicy != nil {
                return *s.Privacypolicy == 1
        }
        return false
}

func (s *Site) WithDefaults() *Site {
        if s.Privacypolicy == nil {
                s.Privacypolicy = new(int)
                *s.Privacypolicy = 0
        }
        return s
}
```

13.6.3.   Das Objekt „App"

Dieses sollte hinzugefügt werden, wenn der unterstützte Content Teil einer mobilen Applikation ist (im Gegensatz zu einer mobilen Website, bspw.). Ein Bid-Request darf keinesfalls ein „App"- und ein „Site"-Objekt beinhalten.

Über die Attribute des „Site"-Objektes hinaus bietet dies die Möglichkeit an mit „ver" die Application-Version anzugeben, mit „paid" kann man darüber hinaus festhalten, ob die App gratis oder bezahlt ist. Mit „keywords" kann man die App in einem Komma-getrennten String beschreiben.

Für Compliance mit den „Quality Assurance Guidelines" [66] der IAB macht es Sinn, die URL einer installierten App unter „storeurl" zu speichern. „ext" ist weiterhin der Platzhalter für optionale Informationen.

13.6.4.   Das Objekt „Publisher"

Dieses wird hier nur kurz angerissen, es beschreibt den Publisher einer Werbefläche und enthält die Felder id, name, cat, domain und ext, welche selbsterklärend sind.

13.6.5.   Das Objekt „Producer"

Dieses ist hilfreich, wenn der Content, wo die Ad gezeigt wird, „syndicated" ist, das heißt, unter einem völlig unterschiedlichen Publisher erscheint. Die Attribute sind dieselben wie beim Objekt „Publisher", nämlich id, name, cat, domain und ext.

13.6.6.   Das Objekt „Device"

Das „Device"-Objekt bietet Informationen über das betreffende Gerät und seine Hardware, die Plattform, die Location und den Mobilbetreiber. Das Objekt kann sich auf ein Mobiltelefon, einen Desktop-Computer, eine Set-Top-Box oder auch andere digitale Geräte beziehen.

Hier taucht eine ganze Menge an neuen Attributsfeldern auf und daher sollen hier nur die wichtigsten genannt sein.

Es gibt ein „geo"-Attribut, das selbst wiederum ein Objekt ist und durch IP oder Geo-Services den Standort festhält. „ip" bietet jene IP-v4-Adresse an die am nächsten zu dem Device ist und unter „ua" wird die Browser-Applikation eingetragen (User-Agent). Mittels „dnt" wird im Browser festgelegt, ob das Gerät im Marketing-Sinne getracked werden soll, „0" bedeutet ja, „1" heißt, es wird nicht getracked, und dem User, auf den geboten wird, wird nach der Auktion nicht weiter gefolgt.

Eine ganze Reihe von Kürzeln von „didsha1" über „didmd5" bis zu „macmd5" bezeichnen die kryptographischen Hashfunktionen (werden alle unter anderem auf einer Website des Experten Hans-G. Mekelburg erklärt [67]), mit denen aus Geräte-ID, der plattfformspezifischen ID oder auch der MAC-Adresse eindeutige und nicht manipulierbare Fingerabdrücke entstehen (mittlerweile durch u.a. Kollisionsangriffe wieder relativierte Sicherheitsgarantie, siehe Kapitel 12.1).

In diesem Sinne könnte man die Ergebnisse dieser Einwegsfunktionen auch als „kryptographische Prüfziffer" [67] betrachten.

Bei „carrier" wird der Provider oder ISP (Internet Service Provider) eingetragen, der über die IP-Adresse ausgelesen wird – diese sollten über den „Mobile Network Code" (MNC) spezifiziert werden.

In einigen Feldern werden alle Informationen über den Hersteller, das Modell und das System bzw. die OS-Version eingetragen. Weiter wird mit „js" festgehalten ob es Java-Script unterstützt. „connectiontype" bezeichnet die Datenverbindung und „devicetype" den Gerätetyp des Geräts. „flashver" gibt die Flash-Version zurück.

An dieser Stelle eingeführt wird „ifa", das ein nativer Identifier für Advertiser ist: eine nicht einsehbare ID, die durch das Device oder den Browser als Advertising-Identifier gesetzt wird. Das Objekt „ext" ist wiederum der Platzhalter für mögliche weitere JSON-Information.

13.6.7.   Das Objekt „Seat Bid"

Das Objekt setzt sich unter anderem zusammen aus der „bid", welche ein Array von Bid-Objects ist. Darin verweist jedes wieder auf ein „imp object" der Bid-Request.

„seat" bezeichnet die ID des Bieter-Seats der das Gebot gemacht hat. „group" heißt, dass jede Impression, sollte sie verloren werden, das Gebot obsolet macht, da sie nur im Gruppenverband geschaltet wird. „Ext" fungiert wieder als Platzhalter.

Ein praktisches Beispiel wäre die Schaltung mehrerer Bilddateien als Ads auf verschiedenen Seiten einer Domain. Diese hängen jedoch sinnvoll zusammen, da sie beispielsweise unterschiedliche Aspekte eines Angebots darstellen oder dasselbe Angebot in unterschiedlicher Weise bewerben. Eine Auslieferung von 90 % der Ads auf dieser Domain hätte den Effekt, dass die Werbewirkung drastisch reduziert wäre, obwohl nur 10 % der Werbemittel fehlen. So hätte als reales Werbebeispiel eine Werbung für einen künstlerischen Jahreskalender wohl wenig Effekt, wenn dabei der Monat März fehlen würde (8,3 % der Werbemittel fehlen dabei – Wirkung der Werbung nimmt aber wahrscheinlich sehr viel stärker ab).

13.6.8.   Das Objekt „Bid Object"

Das letzte große Objekt ist das „Bid Object".

„Id" bedeutet hier das Bietobjekt des Bieters, das er für „Tracking" und Debugging ausgesucht. „impid" kennzeichnet die Impression-Object-ID und „price" den Gebots-Preis in CPM (Cost Per Mille). „adid" kennzeichnet die ID, die für den Werbemitteltransfer benützt wird, wenn die Auktion gewonnen wird und „nurl" ist die „Win notice URL". Meist wird hier auch die Ad-Bezeichnung übermittelt.

„adm" ist die tatsächliche Ad-Auszeichung (Markup) – hier wird XHTML als Antwort auf Banner-Objekte und VAST XML für Video-Objekte verwendet.

Mit „adomain" können vom Advertiser verschiedene Domains als Orte der Auslieferung des Werbemittels angegeben werden – manchmal erlauben aber auch Exchanges nur eine tatsächliche Landing-Domain.

„Iurl" dient nur zum probeweisen Checken von Content und es gibt kein „Cache-Busting" des Browsers.

Begriffsdefinition:

- *Cache-Busting: Ein Verfahren, das verhindert, dass ein auf einem „Proxy-Server gespeichertes Banner beim Abruf der werbeführenden Seite vom Proxy Server statt vom Adserver abgerufen wird"* [68]. *Dadurch würde die „Ermittlung der Werbeleistung" verfälscht werden* [68].

„cid" ist die Campaign-ID der Werbekampagne und „crid" dient dazu, Probleme oder Defekte eines Werbemittels (=Creative) zu reporten.

„attr" ist ein Array von Creative-Attributen und „dealid" ein „Unique Identifier" für den direkten Deal, der mit der Auktion verbunden wird. Wenn das Gebot mit der „dealid" des „request objects" übereinstimmt, ist die „dealid" als Feld nicht mehr optional, sondern verpflichtend.

„ext" fungiert wieder als Platzhalter, so zum Beispiel für „w" (Breite) und „h" (Höhe) der Ad.

13.7.   Das Objekt „Bid Response"

Die „ID"-Felder sind hier sehr wichtig, so sind „Id" und „seatbid" obligat. Weiters gibt es „bidid", um den Bieter beim „Tracking" zu unterstützen – dieser Wert wird auch direkt vom Bieter ausgewählt. „cur" legt die Währung(en) fest und in „customdata" kann der Bieter Daten im Cookie der Exchange platzieren.

Im Feld „nbr" können „Reasons for not bidding" eingegeben werden, hier gibt es schon entsprechende No-Bid Reason Codes.

Das Feld „ext" agiert wie immer als mögliche Erweiterung.

13.8.   Die Object-List „Bid Response Details"

Hier wird das Top-Level-Objekt "Bid Response" gebraucht sowie das "seatbid"-Objekt für die Reihung der Bieter, "bid"-Objekt wird ebenso mindestens eines benötigt. „ext" ist wieder der bekannte Platzhalter. In Abb. 40 ist die Objekthierarchie ab „Bid Response Object" abwärts abgebildet:

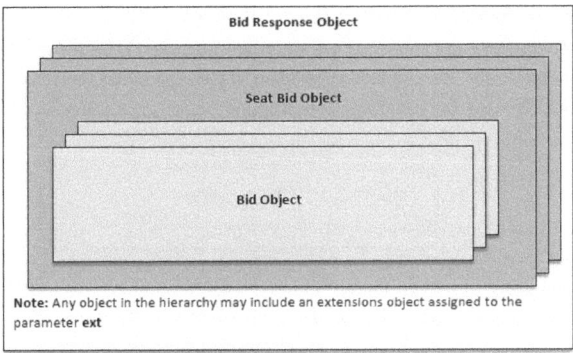

Abbildung 40: Objekthierarchie beim Bid Response Object [46]

13.9. Praktische Umsetzungen der OpenRTB-Spezifikation

Konkret umgesetzt wurde die OpenRTB 2.0.-2.2-Spezifikation beispielsweise von „CasaleX", „Zenovia" oder auch „Rubicon", alles Ad Exchanges, wobei „Rubicon" international von sehr großer Bedeutung ist. Viele andere haben entweder ausgehend davon oder autark eine eigene API entwickelt oder unterstützen zumindest weitgehend die OpenRTB-Standards. Großes Interesse wird dabei auf DSP-Implementierungen gelegt, da darüber weniger Informationen vorherrschen als über SSP-Implementierungen.

Auf dem webbasierten Hosting-Dienst „github.com" für Softwareprojekte gibt es beispielsweise Vorzeige-Umsetzungen von SSP und DSP basierend auf den OpenRTB-Standards. Diese sind aber Rohfassungen und teils noch in Arbeit und sie basieren auf einem Community-Gedanken.

Auch die Kompatibilität der unterschiedlichen Exchanges mit den eigenen Umsetzungen hat für Unternehmen eine große Bedeutung. Zu einem bestimmten Zeitpunkt, nämlich dem 18. Juni 2013 waren folgende Ad Exchanges für teils völlig unterschiedliche OpenRTB-Versionen zugänglich oder setzten eigene Versionen davon um (im Folgenden wird RTB-Professional Scott Bauer auf groups.google.com zitiert [69], wo zu Softwareprojekten Expertise und Meinungen ausgetauscht werden):

- *Nexage*: OpenRTB 2.1
- *MoPub*: v 2.0
- *OpenX*: v 1.0
- *Millenial*: v 2.1

- *ExchangeXYZ*: v 2.1
- *Rubicon*: v 2.0

Die Diskussionen bezüglich der Sicherheit gehen von SSL-Unterstützung bis hin zu einfachen Hashing-Mechanismen, die just erlauben, dass die DSP als „receiving part" den Sender verifizieren kann. Sie muss sicherstellen, dass Kommunikation tatsächlich von der SSP kommt und dass es keinen „Man-In-The-Middle" gibt, der Identitäten vortäuscht.

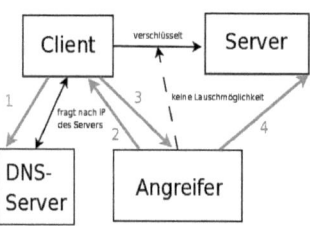

Abbildung 41: MITM-Attacke [70]

Begriffsdefinitionen:
- *"Man-In-The-Middle", siehe [70]: bei diesem Angriff täuscht ein Dritter, der sich in die Leitung eingeklinkt hat, die jeweiligen Kommunikationspartner, indem er jeweils dem Einen die Identität des Anderen vorspiegelt. Ein SSH-Client fragt (in Abb. 41) beispielsweise wegen einer Verbindung mit dem SSH-Server an – dafür muss er den DNS-Server nach der gewünschten Adresse befragen (1). Der Angreifer kann nun statt dem DNS-Server eine gefälschte Antwort schicken (2). In der gefälschten DNS-Antwort gibt sich der „Attacker" als der gewünschte Server aus. Daraufhin baut der SSH-Client mit dem Angreifer eine SSH-Verbindung auf, in dem Glauben es wäre der gewünschte Server (3). Damit nun aber der Client nicht argwöhnisch wird, baut der Angreifer zusätzlich eine SSH-Verbindung zum Server auf und leitet alle vom Client empfangenen Informationen durch (4). Nun hat sich der Angreifer als Proxy in der Mitte zwischen Client und Server positioniert und kann alle Datenpakete belauschen, trotz einer an sich abhörsicheren Leitung. Mittels Host-Key kann man dennoch prinzipiell einen Verbindungspartner ausmachen, der sich dazwischenschaltet: Hier werden bei Akzeptieren der Host-Keys diese lokal gespeichert (in $HOME/.ssh/known_hosts und in einer globalen Datei in „/etc/ssh/known_hosts") [71]*
- *Host-Key: Hierbei lässt sich bei SSL ein Parameter zur Behandlung von falschen oder unbekannten Host Keys einstellen. Dieser heißt „StrictHostKeyChecker" und kann wahlweise mit Einstellung auf „no" alle SSH-Verbindungen durch lassen, mit „ask" eine Warnung und den Fingerprint anzeigen, und mit „yes" bei lokalem*

Nichtauffinden des Host-Keys die Verbindung abbrechen (wird im referenzierten Online-Tutorial über SSH näher ausgeführt [71]).

Eine direkte Implementierung des OpenRTB-Standards stellt auch „*OpenX Ad Exchange*" dar, die man laut Hersteller nützen kann, um beispielsweise Applications zu erstellen, die auf mobile und normale Werbeflächen in Ad Exchanges bieten. Diese Implementierung unterscheidet sich von den Vorgaben der Spezifikation darin, dass sie viele Extensions zu Bid Requests und Bid Responses anbietet und mehrere Makros unterstützt, die im Markup-Feld (adm) benützt werden können (beispielsweise den Zufallstext „random" oder Optionen zum Click-Tracking wie „clickurl"). Dies kann in umfassender Weise auf der Webpräsenz des Unternehmens *OpenX* nachgelesen werden [72].

13.9.1. Web-Selftest-Service „smaato" auf Basis von OpenRTB

Eine gewissermaßen rudimentäre Umsetzung der OpenRTB-Spezifikation gibt es auf „dspportal.smaato.com". Diese RTB-Exchange unterstützt nur den 2.0-Standard von OpenRTB.

Limitierungen gibt es in der Form, dass beispielsweise nur Kampagnen mit CPM-Kostenabrechnung möglich sind, d.h., dass keine Pro-Klick-Berechnung der Werbe-Impressions, sondern eine Berechnung über 1000-er-Sichtungen (TKP) erfolgt. Als Währung gibt es hier nur US Dollar, multiple Bids werden nicht akzeptiert und Video-Werbungen sind aktuell nicht unterstützt. Angedacht ist das Projekt als Self-Service-Testportal, um DSP-Entwickler und Ad Networks ihre OpenRTB-Implementationen dagegen testen zu lassen. Hier gibt es Trigger Tests zu irgendeinem beliebigen Zeitpunkt. Wenn eine DSP oder ein Ad Network die Tests bestanden hat, können sie ohne weitere Verification live gehen, was tatsächlich für die Networks und die DSPs eine Menge an manuellem Testen und nicht zuletzt Zeit spart.

13.10. Bietstrategien

Bei *Googles DoubleClick* sind die unterschiedlichen Gebotsstrategien sehr gut dokumentiert [73]. Diese verwalten automatisch die Gebotsabgaben, sodass die vom Benutzer festgelegten Ziele erreicht werden.

Hier gibt es Beispielwerte wie den „ERS" (effektive Umsatzbeteiligung), die man definieren kann, wenn z.B. eine bestimmte Conversion-Rate (Ad, auf die geklickt wird, die zu einer Aktion führt) erreicht wird.

Mittels einer ERS-Gebotsstrategie kann man dann die Conversion-Rate, Anzeigengruppen und „gebotsfähige Elemente" [73] definieren, durch die es zu einer gewünschten Reaktion (Kauf, Abo-Bestellung usw.) kommen kann. Auf *DoubleClick* gibt es hierfür die „DS

Performance Bidding Suite", die die Gebote dann entsprechend und autonom anpasst, um das ERS-Ziel zu erreichen.

Google bietet für weitere Parameter eine Formelspalte an, mit der viele weitere benutzerdefinierte „Key-Performance-Indicators" (Schlüsselindikatoren für Erfolg) definiert werden können – man kann also gleichsam selbst eine Bietstrategie konstruieren. Die vordefinierten Gebotsstrategien von *DoubleClick* orientieren sich an den unternehmerischen Grundinteressen:

- Conversions-Ziel: Hier lassen sich auch über normale Klicks oder Standard-Aktionen hinaus Aktionen definieren, bei denen der Advertiser erst zahlen muss, wenn diese durchgeführt worden sind (Cost Per Action). Wenn man ein Ziel-CPA angibt, senkt oder hebt die Bidding Suite die Gebote je nach Erreichen des Ziels.
- Umsatzziel: Dieses Ziel kann man mit einem Ziel-ERS-Wert erreichen. ERS = (Ausgaben/Umsatz) x 100. Der Wert misst also den Anteil der Ausgaben am Umsatz, und stellt so einen Indikator für die monetäre Effizienz der Kampagne dar
  - o Auch ROAS(Return on Advertising Spend) ist so ein Indikator, der sich aus (Umsatz/ Ausgaben) x 100 berechnet, also wie hoch der Anteil des Umsatzes im Vergleich zu den Ausgaben ist.
  - o Mit festen monatlichen Budgets und einem Umsatzziel lässt sich am einfachsten ein Ausgabenziel realisieren, das als zusätzlicher Parameter hinzukommt.
- Erweitertes Targeting: Hier können für einzelne Conversion-Gruppen (Käufergruppen) Ziele festgelegt werden, die CPA, ERS, oder ROAS betreffen – bei Conversion-Typen mit „höheren Gewinnspannen können also aggressivere Ziele und bei Conversion-Typen mit niedrigeren Gewinnmargen moderatere Ziele zugewiesen werden" [73]. Plakativ formuliert sind im herkömmlichen Warengeschäft jene Käufer mit höherer Gewinnspanne jene, die Premium-Artikel kaufen und jene mit niedrigerer Gewinnspanne jene, die günstigere Artikel kaufen. So können auch die Conversion-Typen und die Conversion-Gruppen nach dieser Typologie festgelegt werden.
- Klickziel: Dieses Ziel definiert ganz einfach als Ziel die Maximierung der Klicks mit Berücksichtigung eines Ausgabenziels

- Keyword-Positionsziel: Hier wird die Positionierung der Keywords optimiert hinsichtlich des Auffinden durch Suchmaschinen; hier lässt sich *Google* die bessere Positionierung in der Suchmaschine auf direktem Wege bezahlen und verdient somit als Search Engine und DSP-Anbieter.

14. Fazit

Bis heute hält der enorme Erfolg des Suchmaschinen-und des Echtzeit-Advertisings an. Nun erlebt aber die Display-Werbung mit der Einführung des automatisierten Echtzeit-Handelns von Werbeflächen einen Paradigmenwechsel, der viel Erfolg und hohe Gewinnspannen in Aussicht stellt. Mit dem Wechsel des Ansatzes von „Content is King" zu „Audience is King" löst sich ein klassisches Paradigma des Advertising und Marketings auf und weicht neuen technologischen Möglichkeiten wie unter anderem dem Targeting, der effizienten Zielgruppenansprache und der Abwicklung von Erwerb und Verkauf von Werbeflächen in Millisekunden.

Real-Time-Bidding/-Advertising bedeutet für die Media-Agenturen ein völliges Umdenken in ihrem Selbstverständnis, da deutlich weniger „Manpower" für organisatorisches Abwickeln von Kampagnen und die Kommunikation der Geschäftspartner benötigt wird.

Darüber hinaus werden technische Fachkräfte notwendig, wenn Agenturen selbst Echtzeitauktionen abwickeln möchten. Am österreichischen Markt wird dies in der Realität jedoch an Dienstleister wie *AdPilot* abgegeben.

Real-Time-Advertising vermindert nach Aussage des „Chief Digital Officers", Herbert Pratter von *Dentsu-Aegis-Network-Austria*, die Arbeitszeit für eine Online-Kampagne um den Faktor fünf.

Knackpunkte besonders im Hinblick auf Datenschutz sind, dass ein neuer Markt rund um Profilinformationen von Usern entsteht: Diese entscheiden über den Erfolg und die punktgenaue Ansprache von Usern, sowie über den Wert, den man einer Ad Impression beimisst. Dieser ist auf Bieterseite letztlich ausschlaggebend für die Höhe des Gebots auf eine Werbefläche.

Insbesondere die großen Player wie *Google* müssen für mehr Akzeptanz durch kleine Akteure wie Agenturen oder Unternehmen noch transparenter agieren, da sie bereits jetzt im großen Stile User mit Cookies versehen und sehr genau über Online-Aktivitäten Bescheid wissen. Dies steigert den Wert einer Kampagne, jedoch haben jene, die über *Google* werben wenig Einblick und noch weniger Zugriff auf die Profile und können auch nicht definitiv entscheiden, was mit den Daten ihrer Kunden passiert, wenn eine Kampagne bei *Google DoubleClick* abgeschlossen ist. Hier möchte man Datensicherheit garantiert haben und auch die Sicherheit, dass die Kundendaten nicht weiterverkauft werden: Momentan kann man dies aber bei den großen Anbietern nicht in letzter Konsequenz annehmen, da in den Userprofilen das größte Potenzial und der größte Motor für das Wachstum der Branche besteht.

Google ist absoluter Marktführer bei RTB und hat dies durch intelligente Zukäufe und Vernetzungen von Technologien wie *DoubleClick* und *InviteMedia* geschafft. Nur im Bereich Usertracking ist der Konkurrent *Rubicon* mit 96 % Marktanteil noch um Längen überlegen [74].

Damit RTB in Europa weiter wachsen und die allgemeine Akzeptanz des Echtzeitmarktes für Onlinewerbeflächen steigen kann, sind noch mehr Transparenz und darüber hinaus eine ganzheitliche Infrastruktur nötig, um die unterschiedlichen Akteure wie Ad Exchange, Ad Network, RTB-Plattformen usw. kohärent miteinander zu verbinden.

Da es in Europa noch zu viele unterschiedliche Plattformen, Technologien und Datenstrukturen gibt (siehe Kapitel 13.7), um sich in ähnlichen Bereichen der Nutzungszahlen wie in den USA zu bewegen, ist Vereinfachung nötig. Der Markt verlangt nach einer Konsolidierung, sowohl auf DSP- als auch auf SSP-Seite, damit es klarere Spielregeln gibt und die Syntax der einzelnen Anwendungen gleich ist und somit im Bedarfsfall von jedem Systemingenieur ausgelesen werden kann. Im Moment können Plattformen auf OpenRTB-Basis sehr gut mit Eigenentwicklungen kommunizieren – wie in Kapitel 13.6 anhand der Objekte einer Bid-Request aufgezählt, gibt es jedoch immer wieder plattformspezifische Objekte oder Attribute, die dann möglicherweise nicht von der Gegenseite unterstützt werden.

Für die Media-Agenturen bringt RTB ein Höchstmaß an Effizienz und Schnelligkeit. Dies bedeutet, dass trotz standardisierter Verfahren die Planung einer Online-Kampagne im herkömmlichen Sinn im Team, mit E-Mail-Kommunikation, Flip-Chart & Abänderungen sowie vieler Telefonate bei Unternehmen wie *Dentsu-Aegis-Network-Austria* im Mittel 20 Tage dauerte. Dies betraf nur die Platzierung, die zeitliche Planung, Durchführung sowie das Finden eines geeigneten Mediums und Reporting, also keinen Kreativanteil. Herbert Pratter teilte mit, dass mittels Real-Time-Bidding diese Dauer auf im Mittel 4 Tage verkürzt werden könne – dies stellt eine außerordentlich große Einsparung an Zeit und Mitarbeiterressourcen dar.

Dadurch wird sich auch unumgänglich die Tätigkeit der Agentur etwa stärker auf den Service-Bereich oder die begleitenden Tätigkeiten zu den Kampagnen verlagern.

Für die Advertiser bringt RTB in jedem Fall einen starken Preisvorteil, da nun auch „Diskont"-Werbeflächen günstig ersteigert werden können und sich der Markt durch das Zusammenschließen von Netzwerken öffnet (beim Anbieter *Revcloud* sind in Europa alleine schon knapp 300.000 Webseiten mit Werbeflächen über RTB verfügbar). Zudem kann durch Self-Managed-DSPs jetzt schon für einfache Kampagnen wie im Kapitel 11 beschrieben der Akteur „Agentur" weggelassen werden und die Bezahlung wird transparenter, da es weniger Mittler gibt, die ihre Margen beziehen,

Die Publisher profitieren, da sie mehr Informationen über die User erlangen, die ihre Plattformen besuchen. So liefern ihnen Data Broker essenzielle Informationen über die Besucher ihrer Webpräsenzen und die Publisher können auch Profilinformationen der User direkt bei Besuch ihrer Seiten abgleichen. So entscheidet sich in Mikrosekunden, ob ein User/Konsument für den Publisher und den Advertiser geeignet ist und wieviel er dafür vom Advertiser verlangen kann.

In direkter Form können User-Infos über das Durchführen von Kampagnen und dann auch bei weiteren Kampagnen genützt werden (Informationen werden in Form von Cookies gespeichert). Brach liegende Werbeplätze können zu einem angemessenen Preis versteigert werden, und durch den Auktionsdruck, also den „Wettbewerb der Nachfrage", der bei gefragten Angeboten herrscht, können höhere Umsätze auf ihre Inventare (= Werbeflächen) realisiert werden.

Besonders der Faktor Sicherheit ist für alle mit RTB befassten Unternehmen ein wichtiger: Hier gibt es zwar die Möglichkeit, die Kommunikation über Verschlüsselungsprotokolle wie SSL laufen zu lassen. Dies ist aber für all jene kleinen und mittleren Anbieter schwierig, da die Anbindung an die großen Netzwerke - wie Ad Exchanges und Ad Networks - eine schnelle Datenleitung erfordert und besonders die Auktionen, die in Millisekunden ablaufen und der nachfolgende Austausch der Werbemittel und anderer sensibler Daten keine Verzögerung erlauben.
So sind es bisher die großen Anbieter wie *Googles DoubleClick*, die SSL unterstützen, da *Google* im Hintergrund das nötige Potenzial an Rechenleistung besitzt.
Kleinere Player am Markt müssen sich hier etwas anderes überlegen – der Vorschlag, zumindest die Message Verification mit Hashes zu sichern [wie in Kapitel 12.1 „Fragen der Authentifizierung" beschrieben] , ist ein Schritt in die richtige Richtung.
Es ist sehr wichtig, dass hier ein Umdenken stattfindet und besonders personalisierte Daten von Usern, die „getargeted" werden, geschützt und nach angemessener Zeit auch gelöscht werden.
Auch muss beim Bietprozess sichergestellt werden, dass sich niemand ohne weiteres dazwischenschalten kann und entweder Traffic mitliest („sniffed") oder gar die *„Man-In-The-Middle"*-Attacke anwendet und Bieter und Verkäufer gegeneinander ausspielt.

Weitere Probleme, die beim Bietprozess entstehen können:

- Bei weitgestreuten Kampagnen sind oft schwarze Schafe dabei, die seriöse Domains ausweisen, welche die nicht auf einer „Blacklist" (Ausschlussliste) sind, aber ins Leere führen. Hier werden Werbeflächen verkauft wo keine sind, und in der Masse der Werbeflächen fällt das oft nicht auf. Richard Tuschkany von *AdPilot* berichtete von einer Fake-Domain, die sich als „youtube.com" ausgab, jedoch keine Werbeflächen auswies, sondern nur als Attrappe fungierte – der „Betreiber" der angeblichen Werbefläche kassierte nur den Gewinn für die Ad Impressions, die er nicht leistete und konnte auch nicht mehr nachverfolgt werden. In der Summe des automatisierten Einkaufens und Bietens kann absolut nicht jede Seite auf Authentizität kontrolliert werden und es wird oft nur reagiert und nicht proaktiv die Auswahl der Seiten verbessert, da dies für Dienstleister schier unmöglich scheint.

- Ein weiteres Beispiel für Missbrauch, der laut *AdPilot* gehäuft vorkommt, ist die Preistreiberei. So werden einer oder mehrere Fake-Accounts von Advertisern geschaffen, die dann auf eine bestimmte Werbefläche bieten und dann wechselseitig den Preis in die Höhe treiben. Wer diese Accounts schafft, kann offen gelassen werden, es liegt jedoch auf der Hand, dass eine Preistreiberei nur im Sinne des Publisher, der die Werbefläche teuer verkaufen will, liegen kann.

Zur konkreten Implementierung von RTB-Systemen und ihren besonderen Eigenschaften:

Bei der Struktur von RTB-Plattformen und auch bei der Analyse von Spezifikationen fällt auf, dass in der Notationssprache JSON, die aus JavaScript abgeleitet ist, dargestellte Objekte auch vom Menschen gut lesbar und die Objekthierarchien gut verständlich sind. Letztlich müssen diese Systeme immer gut zu warten und beherrschbar bleiben - für den Fall dass einzelne Komponenten eines RTB-Systems mangelhaft funktionieren, müssen Service-Teams Buchungen, Angebote, Werbemitteltransfers und die umliegende Kommunikation selbst bewältigen können.

Im Falle der OpenRTB-Programmierschnittstelle, wie in Kapitel 13 ausführlich dargestellt, wurde das „Bid-Request"-Objekt im Fokus betrachtet. Hier war festzustellen, dass dieses Objekt wieder aus Objekthierarchien und Verzweigungen besteht, und dass bereits dieses eine Objekt daher als Beispiel für die Komplexität des gesamten DSP-Systems dienen kann. Um RTB und SSPs oder DSPs ganzheitlich verstehen zu können, ist es unabdinglich, sich den einzelnen Programmklassen und Objekten genauer zu widmen – besonders unter dem Aspekt, dass es Hardware-Ausfälle oder Sabotage gäbe und man gezwungen wäre, Teile der Plattform wie die Übermittlung der Werbemittel von Hand zu übernehmen.

Auf „www.github.com" können Grundstöcke der Implementierungen von DSP- und SSP-Algorithmen betrachtet werden und es kann innerhalb der openSource-Grenzen damit gearbeitet und selbst entwickelt werden. Es sind einfachere und grundlegende Algorithmen, die dort bereits vorliegen, denn von den faktischen, bereits geschäftsmäßig aktiven Implementierungen in der Privatwirtschaft ist wenig konkreter Quellcode öffentlich sichtbar. Die Ausarbeitung eigener Plattformen und Algorithmen ist sehr kostspielig und stellt darüber hinaus ein Alleinstellungsmerkmal von Dienstleistern dar. Auch bei österreichischen Unternehmen wie *AdPilot*, die auf eigene Software-Entwicklung setzen, ist es aufgrund des Betriebsgeheimnisses nicht möglich, einen Blick in den Programmcode zu werfen. Von Microsoft gibt es Vorschläge für RTB-Algorithmen, die eine „performance-based display ad allocation" [75] leisten sollen – diese werden sehr ausführlich erklärt, was aber den Rahmen dieser Arbeit sprengen würde.

Einige der wichtigsten Helfer bei der Recherche nach neuen und hochkomplexen Themen bleiben aber die Akteure selbst. Es war wichtig, mit Personen aus der nationalen Wirtschaft zu diskutieren und sich aus ihrer Sicht Zusammenhänge über Barrieren und Turbos für neue Technologien wie Real-Time-Bidding schildern zu lassen.

Diese Master-Thesis setzt sich mit vielen Sachverhalten und Komplexen auseinander, die so selten und erst wenig ausführlich in öffentlicher Form im deutschsprachigen Raum diskutiert wurden. Sie hat zum Ziel:

- einen detaillierten Einblick in das Thema Echtzeitauktionen im Bereich Online-Marketing zu liefern
- direkte Expertenansichten zu involvieren
- wirtschaftliche und wissenschaftliche Entwicklung der jungen Technologie zu betrachten
- sowie den softwareseitigen Aufbau, das Prozedere und die Sicherheitsfragen hinter dem sehr aktuellen Thema der letzten Tage und Jahre im Bereich Online-Medien aufzuzeigen

Mittels Dashboards und Self-Service DSP ist es auch für kleinere Firmen oder Privatpersonen möglich, RTB barrierefrei und unkompliziert zu nutzen – und dies zu einem moderaten Preis, der bei richtigem Targeting und geprüften Anbieter-Sites ein attraktives Angebot im Onlinemarketing darstellt. Inwieweit sich der direkte Erfolg einer Kampagne dann objektiv messen lässt (Reporting-Tools des DSP-Betreibers stehen nicht grundsätzlich im Lichte der Neutralität), bleibt eine andere Frage – aber dennoch: Auch bei einer Print-Kampagne kann man danach nicht ohne weiteres schließen, inwieweit eine Schaltung kaufentscheidend war. Letztlich zeigt ein Gefühl und das Vertrauen in den Verleger und das Medium, ob die Kampagne kaufentscheidend war.

Nichtsdestotrotz bleibt Transparenz ein wichtiges Thema beim RTB, denn trotz aller bereits möglichen Formen von Analysen und Statistiken keimt beim geneigten Interessenten zuweilen der Gedanke, dass hinter den mächtigen und vielfach belegten Zahlen von Vermarktern, Publisher, Ad Exchanges, Agenturen, Dienstleistern usw. nicht alles schwarz auf weiß belegbar ist. Die Frage ist: Gibt es Zertifikate, Zusicherungen, Garantien, dass die berichteten Zahlen von Views und Clicks wirklich stimmen oder diese überhaupt die relevanten Parameter sind? Noch nicht, und deshalb wären auch hier gewisse Gütesiegel, Zertifikate und ähnliches notwendig, um Vertrauen zu schaffen.

Für Agenturen gibt es diesbezüglich schon verschiedene Zertifikate, die von *„AdWords Professional Certificate"* über *„BVDW – Trusted Agency"* bis hin zu *„Affilinet certified agency"* reichen [76].

Vertrauensbildung und Vertrauen in die anbietenden Unternehmen sind die Eckpfeiler dafür, dass der Markt funktionieren kann. Selbst etablierte Unternehmen im RTB bleiben geschäftlich lieber im sicheren Bereich, also Mittel- und Westeuropa, wo einigermaßen Sicherheit bei Publisher und Partnern herrscht.

Hier ist zwar die Zahl der Anbieter weitaus geringer als auf anderen Kontinenten, dafür wird das eigene Image nicht „angepatzt" durch misslungene Kampagnen und man läuft durch die bessere Übersicht und stärkere Qualitätskontrolle der Seiten weniger Gefahr, etwaigen Biet-Betrügereien ausgeliefert zu sein. Je weiter weg sich Online-Medien räumlich befinden, desto schwerer ist es über sprachliche, kulturelle und gesetzliche Barrieren hinweg die Authentizität der Teilnehmer zu prüfen. Nicht zuletzt ist die Masse der Schaltungen maßgeblich für die Unübersichtlichkeit: Bei hunderttausenden von Ad Impressions weltweit gerät selbst das firmste RTB-Unternehmen ins Wanken, was die Kontrolle der gewonnenen Auktionen betrifft. Dies betrifft die Platzierung der Werbungen auf dafür geeigneten Seiten und Werbeflächen.

Solange sich die Schäden im geringfügigen Bereich bewegen, nimmt man sie, wie auch Branchenexperten wie Richard Tuschkany es von Kundenseite her kennen, als Kollateralschäden in Kauf, denn vollständige Sicherheit kann im Online-Business trotz zahlreicher Versprechungen niemand garantieren: Was zählt, ist der globale Gewinn für das einzelne Unternehmen. Wenn der Vorteil überwiegt, ist man im Online-Werbungsgeschäft geneigt, sich an die Positivseiten zu halten. Solange eine Brand oder ein Markenimage nicht geschädigt wird und das Risiko eher auf einem Mittler wie einer Agentur lastet (Haftung, Betrugsfall etc.), stellt dies für den Endkonsumenten im RTB-Wertschöpfungskreislauf (Advertiser) eine Entlastung dar.

Wie man in Österreich merkt, ist Real-Time-Bidding noch nicht vollständig in der Branchenrealität angekommen – es gilt als Branchenturbo, als Wachstumsmotor und als Vorzeigeposten für Innovationskraft in Agenturen, bei Mediaplanern & Co. Nicht umsonst drängen jedoch die Experten größerer Agenturen wie Pratter oder Tuschkany auf eine deutlichere Marktdurchdringung, damit sich auch der österreichische Markt für Werbeflächen stärker für RTB öffnet. Bislang verhält sich die österreichische Medienlandschaft hier sehr konservativ und RTB-Kampagnen werden selten allein, sondern gemeinsam im Verbund mit normalen Display- und auch Printkampagnen gebucht.

RTB ist ein sehr abstraktes Konstrukt, das erklärt werden will und selbst nach längerer Zeit noch immer Fragen aufwirft:

Performance-Marketing „gut und schön", doch wo bleibt der messbare Erfolg? Welche Kosten kann ich vertreten und wie argumentiere ich sie gegenüber meinem Kunden (als Agentur), der noch nicht in der Welt von Echtzeit-Versteigerungen in Millisekunden, DSPs, SSPs und Data Exchanges angekommen ist?

Inwieweit will hier jemand, der tagtäglich anders sein Brot verdient, auf Abstraktionen und virtuelle Erfolgsparameter vertrauen?

Dies gilt es besonders in Österreich zu eruieren und Real-Time-Bidding als eigenständige, neue und zukunftsträchtige, weil besonders effiziente und performancelastige Technologie wie Wertschöpfungsform zu etablieren.

Da bei RTB mit relativ günstigen Einstiegsbudgets gestartet werden kann (siehe RTB-Kampagne in Kapitel 11.), können auch KMUs oder Einpersonenunternehmen mit dieser Werbetechnologie effizient werben und sich von ihrer Preis-Leistungs-Qualität überzeugen.

Dies wäre generell eine gute Möglichkeit, um Zweifler oder Unternehmen, die bisher noch keine Gelegenheit zur Testung hatten, in das Thema mit einzubeziehen. Eine Ausweitung der Test-Accounts und Möglichkeiten zur kostenlosen Erstkampagne sowie eine ausgiebige Beratung wären die besten Gelegenheiten, um Real-Time-Bidding auch in Österreich zum dominanten Feature des Online-Marketings zu machen.

15. Glossar

- **Ad Exchange:** Technologieplattformen, welche den Ein- und Verkauf (die durch Auktion zustande gekommen sind) von Online-Werbematerial von vielen Ad Networks erleichtert und auch erst möglich macht

- **Ad Impression/s:** ist gleichbedeutend mit „View/s" und meint den Aufruf von Werbemitteln im Internet, und konkret die Wahrnehmung eines Werbemittels durch den User

- **Ad Network:** ein Advertising Network ist ein Unternehmen, das Advertisers zu Webseiten verlinkt, welche Werbeflächen anbieten. Die Schlüsselfunktion ist Aggregation von Werbeflächen der Publisher und das Abbilden dieser auf die Werbebedürfnisse der Advertiser

- **Ad Operations:** „Ad Ops", „Online Ad Ops" sind ebenso gängige Bezeichnungen für all jene Prozesse und Systeme, die den Verkauf und die Lieferung von Online-Werbung bewirken.

- **Advertiser:** Der Advertiser möchte seine Werbemittel (Banner, Videos, Audio-Files…) so günstig und so effektiv als möglich auf den Werbeflächen des Publishers zu Werbezwecken einsetzen, und kauft Werbeflächen für bestimmte, vereinbarte Zeiträume ein. Bei RTB kommen Ad Exchange und Ad Network zwar ins Spiel, übernehmen hier aber keine direkte Verkaufsrolle. So kann der Verkauf über Ad Exchanges und Ad Networks entweder direkt über manuell gesteuerte „Click&Buy"-Werbeflächenkäufe geschehen oder über programmatisches „buying, das automatisiert abläuft und Ad Networks und Exchanges nur als Trägermedium nutzt.

- **DSP:** Demand-Side-Platform, die stellvertretermäßig eine Softwarelösung für den Ankauf und das Ersteigern von Werbeflächen im Internet darstellt – interagiert mit der Gegenseite SSP

- **Indirekte Display-Ad-Sales:** Sind alle Verkäufe über automatisierte Netzwerke wie RTB, wo kein direkter Kontakt zu Publisher oder zu Ad Network/Ad Exchange herrscht. Meint das Gegenstück zum klassischen Trading-Modell, wo Ad Networks die direkten Mittler zwischen Publisher und Advertiser sind, und wo die Ad Exchange die Anfragen der Ad Networks durchreicht und aggregiert (siehe Abb. 11)

- **Kollisionen bei Verschüsselungsalgorithmen:** Kollisionen zu entdecken heißt zwei unterschiedliche Texte X und X' mit hash(X) = hash(X') zu finden.

- *Premium-Inventar vs. Nicht-Premium-Inventar:* das Premium-Inventar meint alle relativ hochpreisigen Werbeflächen, für die Real-Time-Bidding ursprünglich nicht vorgesehen war, und für die es jetzt aber trotzdem genützt wird. Vergleichen könnte man dies mit der „Landing Page" einer Domain, wo ein „Super Banner" (großformatig) als Fläche angeboten wird, welches praktisch nie unter Mangel an Interessenten leidet -> dies ist Premium-Inventar. Ein Beispiel: Ein 1/6-Seiten-Eckfeld, das z.B. bei den Gelben Seiten auftaucht, wenn man als Suchbegriff beispielsweise „Brautmoden" eingibt, wird nicht oft verlangt – hier ist die Nachfrage nach der Werbefläche gering und daher ist derartiges meist „Nicht-Premium-Inventar" (Non-Premium-Inventory)
- *Publisher:* Ist im Sprachgebrauch des Online-Advertisings jener Akteur, der Werbeflächen zum Verkauf freigibt. So werden etwa Internetseitenbetreiber, Portalbetreiber und –eigentümer oder Feed-Betreiber zu Publishern
- *Run-on-Network:* bei RoN-Platzierungen wird eine Werbekampagne auf eine große Kollektion von Webseiten angewendet – ohne die Möglichkeit, dass spezifische Seiten des Vermarkters ausgewählt werden.
- *SSP:* Supply-Side-Platform – eine Softwarelösung, die stellvertretermäßig den automatisierten Verkauf von Werbeflächen im Internet übernimmt

16. Abkürzungsverzeichnis

AdECN	Microsofts Ad Exchange
AdX	DoubleClick Ad Exchange
AGOF	Arbeitsgemeinschaft Online-Forschung
AI	Ad Impression
API	Application Programming Interface
ASCII	American Standard Code for Information Interchange
Badv	Blacklisted Advertisers
Bcat	Blacklisted Categories
BVDW	Bundesverband Digitale Wirtschaft
CA	Certificate Authority
CEO	Chief Executive Officer
CPA	Cost Per Action
CPC	Cost Per Click
CPM	Cost Per Mille (=TKP)

CPO	Cost Per Order
CSS	Cascading Style Sheets
CTR	Click-Through-Rate
Cur	Currency
DBM	DoubleClick Bid Manager
Didmd5/Didsha1	
/Macmd5	*Device ID: SHA1/MD5/MAC* – Verschlüsselung der Geräte-ID oder MAC-Adresse
DMP	Data Management Platform
DSL	Digital Subscriber Line
DSP	Demand-Side-Platform
ERS	Effective Revenue Share (Effektive Umsatzbeteiligung)
Ext	Ext-Object ist Platzhalter für zusätzliche RTB-Objektinformation
GDN	Google Display Network
HTML	Hyper Text Markup Language
HTTP	Hyper Text Transfer Protocol
HTTPS	Hyper Text Transfer Protocol mit SSL-Support
IAB	Internet Advertising Bureau
Id	Unique Identifier einer Impression
IDC	International Data Corportation
Ifa	Identifier for Advertisers
Imp-Object	Impression-Object, welches Position der AI beschreibt
IP	Internetprotokoll
IPsec	Internet Protocol Security
IPv4	Internet Protocol Version 4
JSON	Java Script Object Notation
JSONP	JSON with Padding
MD5	Message Digest 5
MIME	Multipurpose Internet Mail Extensions
MITM	Man-In-The-Middle
MNC	Mobile Network Code
NV	Non Volatile
NVRAM	Non-Volatile-Ram
OpenRTB	Offener Programmierstandard für RTB-Software
OSI Model	Open Systems Interconnection Model
PKI	Public-Key-Infrastructure
PNG	Portable Network Graphics
Ref	Referrer-Url
ROAS	Return On Advertising Spend

RoN	Run-on-Network
RTA	Real Time Advertising
RFC	Request For Comments
RTB	Real Time Bidding
SecureUDID	Secure Unique Device Identifier
SSL	Secure Socket Layer
SSP	Supply-Side-Platform
TCP	Transmission Control Protocol
TKP	Tausender-Kontakt-Preis
TLS	Transport Layer Security
Ua	User Agent
UDP	User Datagram Protocol
URL	Uniform Resource Locator
USP	Unique Selling Proposition

17. Literaturverzeichnis

[1]   J. Ebbert, „Google-Double-Click," [Online]. Available:
http://www.adexchanger.com/investment/google-doubleclick-advertising-exchange/.
[Zugriff am 02. 05. 2014].

[2]   G. Moore, „computerhistory," [Online]. Available:
http://www.computerhistory.org/semiconductor/timeline/1965-Moore.html. [Zugriff am
05. 03. 2014].

[3]   J. Loehnenbach, „Impact of Dynamic Media Buying and Real-Time Bidding
Technologies," Wirtschafts- und Sozialwissenschaftlichen Fakultät der Universität zu
Köln, Köln, 2011.

[4]   Pubmatic, „IDC White Paper: Display Advertising Ecosystem Timeline 2001-2011,"
Pubmatic, Silicon Valley, California, 2011.

[5]   C. Scheier, Codes: Die geheime Sprache der Produkte, Freiburg: Haufe-Lexware
GmbH, 2012.

[6]   DeSilva+Phillips Investmentbankers, „"Outsight"," LLC, New York, 2010.

[7]   Doubleverify, „what-is-verification," [Online]. Available: http://www.doubleverify.com/what-is-verification/. [Zugriff am 16. 04. 2014].

[8]   T. Kawaja, „Parsing the Mayhem: Developments in the Advertising Technology," New York, 2013.

[9]   T. Kawaja, „LUMAscape for the digital ad space," 2014. [Online]. Available: http://www.lumapartners.com/lumascapes/display-ad-tech-lumascape/. [Zugriff am 10. 4. 2014].

[10] A. Schroeter, „Die Zukunft des Display Advertising," 2012.

[11] A. Schroeter, „RTB-Fibel," 2013. [Online]. Available: http://rtb-buch.de/rtb_fibel.pdf. [Zugriff am 21. 05. 2014].

[12] Adnologies, „Data Management Platform," [Online]. Available: http://www.adnologies.com/product/dmp/. [Zugriff am 21. November 2013].

[13] V. Sepe, „Television Ad Spending Bounces Back, Virtually Unaffected by Online Growth," emarketer, [Online]. Available: http://www.emarketer.com/newsroom/index.php/2011/03/. [Zugriff am 16. 04. 2014].

[14] Adform, „White paper: RTB Trend Report Europe Quartal 4," 2012.

[15] E. Tara, „derstandard.at," 2013. [Online]. Available: http://derstandard.at/1379292193084/Zankapfel-Real-Time-Advertsing---00-fuer-Oesterreich. [Zugriff am 14. März 2013].

[16] G. DoubleClick, „Was ist RTB?," 2013. [Online]. Available: https://developers.google.com/ad-exchange/rtb/. [Zugriff am 05. 18. 2014].

[17] K. Weide, „IDC Research Q3 2012 White Paper- Quartalsbericht 3," 2012. [Online]. Available: http://www.pubmatic.com/reports-and-whitepapers.php. [Zugriff am 21. 05. 2014].

[18] V. Hoang, „The Ad Exchange," 2010. [Online]. Available: http://vushogerts.blogspot.co.at/2010/10/ad-exchange.html. [Zugriff am 16. 04. 2014].

[19] Adform-Whitepaper, „Adform," 2013. [Online]. Available: http://site.adform.com/resources/collateral/whitepapers/download/rtb-report-q4-2013/. [Zugriff am 2. März 2014].

[20] Zirk, „authorstream.com," 2012. [Online]. Available:
      http://www.authorstream.com/Presentation/showeet-1103348-bcg-matrix-free-charts-
      for-powerpoint/. [Zugriff am 20. 06. 2014].

[21] Deutschland, „Bundesverband Digitale Wirtschaft: Bruttowerbekuchen 2013," 2013.
      [Online]. Available: http://www.bvdw.org/medien/ovk-online-report-internet-anteil-am-
      bruttowerbekuchen-steigt-auf-ein-viertel?media=5151. [Zugriff am 06. 06. 2014].

[22] J. Loehnenbach, Interviewee, *Interview über Loehnenbachs Masterthesis bezüglich
      RTB*. [Interview]. 3. April 2014.

[23] F. Weltner, „Whitepaper_Real-Time-Bidding," 2013. [Online]. Available:
      http://www.bluesummit.de/wp-content/uploads/2013/02/blueSummit-Whitepaper_Real-
      Time-Bidding.pdf. [Zugriff am 21. 05. 2014].

[24] L. Budde, „10-jahre-Google-Adsense," t3n magazin, 25. August 2013. [Online].
      Available: http://t3n.de/news/10-jahre-google-adsense-474524/. [Zugriff am 5. April
      2014].

[25] S. Gruber, „WinFuture," 24. 11. 2009. [Online]. Available:
      http://winfuture.de/news,51650.html. [Zugriff am 05. 04. 2014].

[26] S. Rinderle, „Whitepaper_Real-Time-Bidding," [Online]. Available:
      http://www.bluesummit.de/wp-content/uploads/2013/02/blueSummit-Whitepaper_Real-
      Time-Bidding.pdf. [Zugriff am 10. Jänner 2014].

[27] „INTERNET-WORLD-Business-Ausgabe-22-2012," 2013. [Online]. Available:
      http://www.internetworld.de/content/download/96599/2381708/file/INTERNET-WORLD-
      Business-Ausgabe-22-2012.pdf. [Zugriff am 23. November 2013].

[28] Bundesverband_Digitale_Wirtschaft, „Realtime Advertising Kompass 2013/2014".

[29] Unternehmen"Spree7", „Umfrage unter 160 Mediaplanern Jan. - Mai 2013," 2013.

[30] V. Zawadzki, „Realtime Advertising 2020 - vision paper," Spree7, 2013.

[31] Microsoft Advertising / PR-Kontakt Sonja Arndt, „Microsoft Backgrounder RTA," 2014.
      [Online]. Available: http://advertising.microsoft.com/de-
      de/WWDocs/User/display/cl/content_standard/1468/de/Microsoft_backgrounder_rta.pdf.
      [Zugriff am 13. 06. 2014].

[32] A. Beutelspacher, Moderne Verfahren der Kryptographie. Von RSA zu Zero-Knowledge, Vieweg-Verlag, 2001.

[33] DevelopersGoogle, „Ad-Exchange/RTB," [Online]. Available: https://developers.google.com/ad-exchange/rtb/cookie-guide?hl=de. [Zugriff am 04. 05. 2014].

[34] A. Jaster, „Suchmaschinen-Doktor," 2014. [Online]. Available: http://www.suchmaschinen-doktor.de/optimierung/hijacking.html. [Zugriff am 18. 06. 2014].

[35] A. Jaster, „Suchmaschinen-Doktor," Dr.SEO, 2014. [Online]. Available: http://www.suchmaschinen-doktor.de/optimierung/hijacking.html. [Zugriff am 19. 06. 2014].

[36] DevelopersGoogle, „developers.google.com," Google, 2014. [Online]. Available: https://developers.google.com/ad-exchange/rtb/cookie-guide?hl=de. [Zugriff am 19. 06. 2014].

[37] K. Platzwaldt, „Google Cookies nicht mehr bis 2038," 2007. [Online]. Available: http://www.at-web.de/blog/20070719/google-cookies-nicht-mehr-bis-2038.htm. [Zugriff am 05. 05. 2014].

[38] C. Eilers, „Ceilers-News," 2010. [Online]. Available: http://www.ceilers-news.de/serendipity/53-HTTPS-und-Cookies-sicher-einsetzen.html. [Zugriff am 18. 06. 2014].

[39] D. Bergfeld, „Datenschutzproteste gegen Google," 2007. [Online]. Available: http://www.onlinekosten.de/news/artikel/25841/0/Google-will-Daten-trotz-Protesten-lange-speichern. [Zugriff am 05. 05. 2014].

[40] ORF, „Affäre um IMS-Health: Weitergabe von Patientendaten," [Online]. Available: http://orf.at/stories/2195453/2195448/. [Zugriff am 05. 05. 2014].

[41] „Revcloud-Kampagnenplanung 2014," 10. 04. 2014. [Online]. Available: www.revcloud.net.

[42] "RTB-Kampagne":Staudinger, „revcloud.net," revcloud, 2014. [Online]. Available: http://revcloud.net/. [Zugriff am 16. 04. 2014].

[43] P. Schnabel, „elektronik-kompendium," [Online]. Available: http://www.elektronik-kompendium.de/sites/net/1706131.htm. [Zugriff am 18. 06. 2014].

[44] DevelopersGoogle, „Ad-Exchange/RTB," Google, [Online]. Available: https://developers.google.com/ad-exchange/rtb/relnotes?hl=de. [Zugriff am 30. 04. 2014].

[45] G. Support-Webpräsenz, „support.google.com," Google, 2014. [Online]. Available: https://support.google.com/adxbuyer/answer/3145858?hl=de. [Zugriff am 13. 06. 2014].

[46] RTB-Project, „www.iab.net," 2014. [Online]. Available: http://www.iab.net/media/file/OpenRTB-API-Specification-Version-2-2-Draft2.pdf. [Zugriff am 22. 04. 2014].

[47] elektronik-kompendium, „HTTP im Schichtenmodell," 2014. [Online]. Available: http://www.elektronik-kompendium.de/sites/net/0902231.htm. [Zugriff am 02. 05. 2014].

[48] Wikipedia, „OpenSSL#Heartbleed-Bug," 2014. [Online]. Available: http://de.wikipedia.org/wiki/OpenSSL#Heartbleed-Bug. [Zugriff am 04. 05. 2014].

[49] „openssl," 06. 05. 2014. [Online]. Available: http://www.openssl.org/news/secadv_20140605.txt. [Zugriff am 06. 06. 2014].

[50] Wikipedia, „Message-Digest_Algorithm_5," 2014. [Online]. Available: http://de.wikipedia.org/wiki/Message-Digest_Algorithm_5. [Zugriff am 04. 05. 2014].

[51] openbook, „java7," 2014. [Online]. Available: http://openbook.galileocomputing.de/java7/1507_22_005.html. [Zugriff am 04. 05. 2014].

[52] Sotirov, „Hashclash-Rogue-Ca," [Online]. Available: http://www.win.tue.nl/hashclash/rogue-ca/. [Zugriff am 04. 05. 2014].

[53] ecma, „The JSON Data Interchange Format," 2013. [Online]. Available: http://www.ecma-international.org/publications/files/ECMA-ST/ECMA-404.pdf. [Zugriff am 03. 05. 2014].

[54] Wikipedia, „JSONP," [Online]. Available: http://de.wikipedia.org/wiki/JSONP#JSONP. [Zugriff am 03. 05. 2014].

[55] B. Creighton, „Veracode," 2012. [Online]. Available: http://blog.veracode.com/2012/04/a-brief-field-guide-to-post-udid-unique-ids-on-ios/. [Zugriff am 03. 06. 2014].

[56] T. Logemann, „Datenschutzbeauftragter," intersoft consulting AG, 2013. [Online].
      Available: http://www.datenschutzbeauftragter-info.de/passwort-sicherer-mit-hash-und-
      salt/. [Zugriff am 19. 06. 2014].

[57] Wikipedia, „Internet Media Type," [Online]. Available:
      http://de.wikipedia.org/wiki/Internet_Media_Type. [Zugriff am 23 04. 2014].

[58] „Apache Traffic Server 4.0.x documentation," Apache traffic-server (TM), 2913. [Online].
      Available: https://docs.trafficserver.apache.org/en/4.0.x/sdk/http-headers.en.html.
      [Zugriff am 02. 06. 2014].

[59] „JSON," JSON, 2014. [Online]. Available: http://www.json.org/json-de.html. [Zugriff am
      25. 04. 2014].

[60] Z. Gropsianova, „Mathematik-Fakultät München," 2009. [Online]. Available:
      http://www.mathematik.uni-muenchen.de/~spielth/artikel/Auktionstheorie.pdf. [Zugriff am
      29. 05. 2014].

[61] User:"Eggya", „github.com," 2014. [Online]. Available:
      https://github.com/bsm/openrtb/blob/master/request.go. [Zugriff am 18. 06. 2013].

[62] User:"Eggya", „github," 2013. [Online]. Available:
      https://github.com/bsm/openrtb/blob/master/impression.go. [Zugriff am 13. 06. 2014].

[63] W. Wiese, „Aravaeth-Onan," [Online]. Available: www.aravaeth-
      onan.de/doc/RefererSPAM.pdf. [Zugriff am 18. 06. 2014].

[64] AT&T Labs-Research, Krishnamurthy, „Privacy leakage on the Internet," 2010. [Online].
      Available: http://www.ietf.org/proceedings/77/slides/plenaryt-5.pdf. [Zugriff am 15. 06.
      2014].

[65] User:"Dim", „github.com," 2013. [Online]. Available:
      https://github.com/bsm/openrtb/blob/master/site.go. [Zugriff am 19. 06. 2014].

[66] IAB, „Quality Assurance Guidelines Initative," 2013. [Online]. Available:
      www.iab.net/QAGInitiative/overview. [Zugriff am 18. 06. 2014].

[67] H.-G. Mekelburg, „Nord-Com," 2009. [Online]. Available: http://www.nord-com.net/h-
      g.mekelburg/krypto/mod-1weg.htm. [Zugriff am 17. 06. 2014].

[68] Webagentur Walser, „task-force," 2012. [Online]. Available: http://www.task-
      force.ch/2.php?Nr=87. [Zugriff am 19. 06. 2014].

[69] S. Bauer, „groups.google.com," [Online]. Available:
https://groups.google.com/forum/#!topic/openrtb-user/KuYD-HqgK5s. [Zugriff am 28. 04.
2014].

[70] R. Maroufi, „SSH," [Online]. Available: http://dozent.maruweb.de/material/ssh.shtml.
[Zugriff am 05. 05. 2014].

[71] S. Hecht, „Online-Tutorials," 2013. [Online]. Available: http://www.online-
tutorials.net/security/secure-ssh-tutorial-part-1-host-key/tutorials-t-69-201.html. [Zugriff
am 17. 06. 2014].

[72] docs.openx.com, „RTB-MACROS," 2014. [Online]. Available:
http://docs.openx.com/ad_exchange_adv/rtb_macros.html. [Zugriff am 05. 05. 2014].

[73] DoubleClick-Help, „support.google.com," DoubleClick, [Online]. Available:
https://support.google.com/ds/answer/1184733?hl=de. [Zugriff am 05. 05. 2014].

[74] O. Thomas, „Magazin Businessinsider," [Online]. Available:
http://www.businessinsider.com/a-startup-youve-never-heard-of-just-beat-google-on-
one-key-number-2012-8. [Zugriff am 29. 04. 2014].

[75] Y. Chen und B. Anderson, „Real-Time Bidding Algorithms for Performance-Based
Display Ad Allocation," San Diego, 2011.

[76] D. Maibaum, „IntelliAd," 12. April. 2012. [Online]. Available:
http://www.intelliad.de/blog/agenturen-und-zertifikate.html. [Zugriff am 04. 06. 2014].

[77] SD, „Donau-Uni Krems," [Online]. Available: http://imb.donau-
uni.ac.at/spacebidder/vom-behavioural-targeting-zum-realtime-bidding/. [Zugriff am 01.
05. 2014].

[78] F. Becker, „RTB-Werbepräsentation 2014," Revcloud, Berlin, 2013.

Abbildungsverzeichnis